三訂版
入門 上水道

中村 玄正 著

工学図書株式会社

序にかえて

　「改訂版　入門　上水道」が平成8年に出版され，5年が経ちました。
　この間に社会環境は大きく変わりました。時代は既に20世紀から21世紀に移っております。地球の人口は60億人を超え，地球環境問題は，識者の間では生物や人類の存亡に関わるとされながらも，その解決には人類相互の利害得失が渦巻いて微々たる進歩しか見えません。わが国においては，少子高齢化が進む一方，変革と創造をめざして6大構造改革が打ち出されました。大手金融機関の破綻も相次ぎました。幼稚園・小学・中学・高校や大学の教育環境も変わってきております。
　水道において最も重要な一つに水源問題がありますが，その人為汚濁の影響は大きく改善される兆候はないものの，水道を取り巻く社会環境は大きく変わりつつあります。平成13年1月には中央省庁等が改革され，厚生省は厚生労働省，環境庁は環境省となり，建設省は国土交通省と姿を変えました。浄水技術としての膜沪過法も確立され東京都や神奈川県等で採用されてきています。日本水道協会の「水道施設設計指針・解説 1990」も新しく「水道施設設計指針 2000」として発行されています。このような背景とともに以前から，㈱水環境総合研究所の白水暢博士（元日本水道協会工務部長）や日本水道協会工務部技術課坂本貴之氏からのご指摘もあり，今回の改定作業に入りました。
　大学・高専の学生を対象とし，教壇での経験を生かし入門書としてできるだけ理解しやすいように努力しようとした点は改訂版でも変わりません。
　浅学非才を顧みず，筆を執りましたのは，土木工学を志す多くの若い学生諸君の一助になることを願ったからです。あらためて，引用し，参考とさせていただいた著書・文献の著者の方々ならびに多くの先達各位に深謝し，今後のご叱正を仰ぐものであります。

序にかえて

　執筆に当たり，種々ご教示頂いた恩師松本順一郎博士（元日本大学教授・東北大学名誉教授・東京大学名誉教授）を始め，水道施設基準の引用掲載をご許可頂いた日本水道協会，資料をご提供頂いた郡山市水道局および福島市水道局の皆様方に深甚なる謝意を表します。また，三訂版につきましてご懇切に訂正のご指摘を頂きました㈱水環境総合研究所の白水暢博士および日本水道協会工務部技術課坂本貴之氏にこの場をお借りして厚く御礼申し上げます。なお，改訂版更新に際し，種々お手数をおかけしました工学図書㈱の社長川村悦三氏，ならびに日本大学工学部故深谷宗吉博士・衛生工学研究室卒業生・学生の皆様に厚く御礼申し上げます。また，家族の協力に感謝します。

　　平成13年8月

　　　　　　　　　初秋の安達太良山を望みつつ

　　　　　　　　　　　　　　　　　　　　　中村玄正

目　次

第1章　総論 ……………………………………………………………… 1
1. 水と命，水と社会生活 ………1
2. 水道の目的と定義，構成 ………2
3. 水道の重要性 ………4
4. 水道と保健 ………5
5. 水道概史 ………7
6. 水道関連法規 ………10

第2章　基本計画 ……………………………………………………… 17
1. あらまし ………17
2. 基本方針 ………18
3. 水道計画の段階的手順 ………18
4. 基本事項 ………18
5. 広域的水道整備計画 ………19
6. 計画策定手順 ………21
7. 計画年次 ………21
8. 計画給水区域 ………22
9. 計画給水人口 ………22
10. 給水普及率，計画給水普及率 ………31
11. 計画給水量 ………32
12. 計画給水量の考え方の手順例 ………41
13. 基本計画策定例 ………42

第3章　水質 …………………………………………………………… 46
1. あらまし ………46
2. 水道水としての水質 ………46
3. 水質項目 ………49
4. 水のおいしさ ………59

第4章　水源および取水施設 ………………………………………… 61
1. わが国の水源と水の使用量 ………61
2. 水源と取水量 ………63
3. 計画取水量 ………65
4. 水源の種類と特徴 ………65
5. 河川や湖沼の自浄作用 ………86
6. 水資源の開発 ………87

第5章　導水 …………………………………………………………… 91
1. あらまし ………91
2. 計画導水量 ………91
3. 導水方式 ………91
4. 導水渠 ………92
5. 導水管 ………95

第6章　浄水 …………………………………………………………… 104
1. 浄水施設の概要 ………104
2. 着水井 ………106
3. 沈殿池 ………107
4. 緩速沪過方式 ………113
5. 急速沪過方式 ………121
6. 緩速沪過法と急速沪過法の比較 ………133
7. 膜沪過法 ………134
8. 消毒設備 ………135
9. 浄水池 ………137
10. 高度浄水処理 ………138
11. 特殊(浄水)処理 ………139
12. 排水・汚泥処理 ………142
13. 各種施設の計装 ………143

第7章　送水 …………………………………………………………………………145
1．送水施設 …………………145
2．計画送水量 ………………145
3．送水方式 …………………145

第8章　配水とポンプ設備 …………………………………………………………146
1．配水 ………………………146
2．配水池 ……………………149
3．配水塔および高架タンク ………151
4．配水管 ……………………153
5．管網流量の計算 …………157
6．ポンプ設備 ………………161

第9章　給水 …………………………………………………………………………166
1．給水 ………………………166
2．給水装置の要件 …………166
3．給水方式 …………………166
4．設計水量 …………………168
5．給水管 ……………………168
6．水道メーター ……………170
7．給水器具 …………………170
8．用水設備 …………………171
9．注意事項 …………………172

第10章　これからの水道の展望と課題 ………………………………………173
1．日本の水道の現況 ………173
2．これからの水道整備の長期目標
　－厚生省の対策 …………173
3．渇水問題－平成6年列島渇水 …174
4．震災－阪神大震災 ………175
5．水源の森林かん養と地下水
　かん養 ……………………181

第11章　水道と地震対策 …………………………………………………………185
1．地震 ………………………185
2．地震の大きさ ……………185
3．阪神大震災と水道の震災対策 …188

付録 ……………………………………………………………………………………194
参考図書 ………………………………………………………………………………197
索引 ……………………………………………………………………………………198

第1章　総　論

1. 水と命，水と社会生活

　「水」は，地球上の万物の生命のよりどころである。人間も「水」を生命のよりどころとしているが，人間の場合には他の生物とは違って文化（精神）を蓄積し，文明（物質）生活を送ることによって脱自然の生活を享受してきている。

　現代社会においては，「水道」は「水」を供給する重要な社会基盤のひとつである。わが国では「水道」の普及率は96％以上となっている。（2000年現在）

　「水道」は「水」の供給源として，文化生活・社会活動のさらなる充実・発展に必要不可欠となってきている。

　文明社会を維持し，広く社会活動・生産活動を営む上にも「水道」は不可欠となっている。

図1-1　水道施設の概念

2. 水道の目的と定義，構成

2.1 目 的

水道は清浄にして豊富低廉な水を供給することにより，

1) 公衆衛生の向上
2) 生活環境の改善

に寄与することを目的とする（水道法第一条）。また，水道は，市民の日常の健康を維持し，伝染病を防ぐ公衆衛生上の基盤であるとともに，産業の発達を約束し，防火等の効用を兼ね備えるものであって，文化国家には欠くことのできない重要な都市施設である。

2.2 定 義

水道とは，導管およびその他の工作物により水を人の飲用に適する水として供給する施設の総体をいう。人の生命の維持に必須な飲用水や炊事・洗濯・風呂・掃除・水洗便所等の日常生活水，さらに営業・業務・鉱工業等の社会の生産活動に必要な清浄な水を必要・十分な量だけ供給する施設の総体をいう（法第三条）。

2.3 構 成

水道は原水の質および量，地理的条件，（水源の）形態などに応じて，取水施設・貯水施設・導水施設・浄水施設・送水施設・配水施設・給水施設の全部または一部を有する（法第五条）。

貯水施設：渇水時においても必要量（計画取水量）を確保できるものであること。ダム等の貯水池，原水調整池等の設備とその付属設備。

取水施設：水源である河川，湖沼，地下水等からできるだけ良質の原水を必要量取り入れることができるものであること。取水堰，取水塔，取水枠，浅井戸，深井戸，取水管，取水ポンプ等の設備とその付属設備。

導水施設：必要量の（取水した）原水を（浄水場まで）送るのに必要なポンプ，導水管その他の設備（取水した原水を浄水場まで送る施設）。

浄水施設：原水の質および量に応じて，飲用に供するに足る水質基準に適合する必要量の浄水を得るのに必要な設備で，凝集，沈殿，濾過のための設備，浄水を貯留する浄水池，浄水場内の連絡管，消毒設備やそれらの付属設備。

送水施設：浄水場で浄化された必要量の浄水を配水施設に送るのに必要なポンプ，送水管やそれらの付属設備。

配水施設：必要量の浄水を一定以上の圧力で連続して供給するのに必要な配水池，ポンプ，配水管やそれらの付属設備。

給水装置：公道下の配水支管から各戸に分岐する各戸負担の給水管およびこれに連絡する給水栓や給水用具などの装置。

2.4 水道の種類

水道事業：一般の需要に応じて，水道により水を供給する事業。給水人口は101人以上のもの。

計画給水人口が5,000人を超えるものは慣用的に**上水道事業**と呼ばれている。

簡易水道事業：水道事業のうち，給水人口が101人以上5,000人。

水道用水供給事業：水道により水道事業者に対してその用水（浄水であって原水ではない）を供給する事業。

専用水道：寄宿舎，社宅，療養所，養老施設等における自家用の水道。101人以上の特定の人々に供給するもの。

簡易専用水道：水道事業者から供給を受ける水のみを水源とし，水の供給を受ける水槽の有効容量の合計が10 m³を越えるもの。

飲料水供給施設：給水人口が50人以上100人以下で人の飲用に供給する施設

類似水道：工業用水道，下水道，中水道（雑用水道），消・融雪水道

2.5 水道の三要素

水道の使命は市民に対し，

衛生的に安全な水　－水質　⎫
必要量だけの水　　－水量　⎬　水道の三要素
安定した供給・利用－水圧　⎭

の要件を備えた水を供給することにある。

3. 水道の重要性
3.1 生命維持に必要な水

生物体にはかなりの水が存在し，この水によって生命活動が維持されている。人体の 60～65％は，細胞内水，リンパ液，血液などの形で存在する水分であり，生体としての組織の構成，酸素の供給，栄養分の循環供与，栄養分の酸化，老廃物の除去等に，直接・間接に関係している。

体内の水の量：人間では，赤ちゃんで体重の約80％，成人で約60％の水分を有している。すなわち，2500 g の赤ちゃんでは2 kg，50 kg の体重の成人では30 kg の水を体内に有している。人体がその10％の水分をうしなうと，けいれんや精神障害の脱水症状をきたし，さらに20％の水分を失うと生命が危うくなるといわれている。一方，人体が体重の20％の水分を過剰に摂取したような場合，血液が薄くなり，体細胞，ことに脳細胞は浸透圧の均衡が破れて生命の維持が危うくなる。

体内の水の役割：体内において水は次のような役割を果たしている。

①血液の構成分であるヘモグロビンは酸素を，血しょうは二酸化炭素を運ぶ。また，血液は体内の各組織へ養分を補給し，老廃物を運搬する。

②リンパ液の構成分であり，細胞に栄養分を供給し，また，その排出物を受け取る。

③細胞内に存在して，細胞の呼吸・分泌・浸透圧調節などの細胞作用に関係している。

④不感蒸せつ作用，発汗作用により体温調節を行っている。

日常体内水の収支：健康な成人は一日に約 2,300 ml の水分の摂取と排出をしている。

	基礎摂取量			基礎排出量	
飲料水	1200 ml		尿	1200 ml	
食 物	800 ml	計 2300 ml	ふん便	200 ml	計 2300 ml
代謝水	300 ml		不感蒸せつ	900 ml	

となっている。これに，日常の生活活動・運動等が加わると，摂取および排出量は当然増大するようになる。

3.2 社会生活上必要な水

　水道は，日常の人体生命の維持，健康な肉体生命を維持する上で必要不可欠な水を供給するばかりでなく，人類が文化生活を営み，高度な社会生活を進める上での必要な水を供給する。

生活用水：生活用水としては，台所・洗濯・風呂・手洗い・洗面・掃除・水洗トイレ・その他として使用される。生活用水は，生活水準の向上・自動洗濯機・皿洗い機・ディスポーザー等の利用，トイレの水洗化，下水道の普及，さらに世帯構成員の減少等により増加すると考えられる。

業務・営業用水：社会活動・都市活動を支えるのに必要な水として，百貨店・小売店・事務所・学校・病院・駅舎・官公署等で利用される。

工場用水：各種産業のうち，用水型産業は多量の水を使用する。大規模な工場では，工業用水として別個に水を求めている場合も多いが，水道用水を利用する工場も多い。

消防水利：不慮の火災の発生に対し，水道は都市施設の一つとして消火用水として使用される。

その他：船舶・航空機等に供給する水も水道から提供される。

4. 水道と保健

　直接・間接に人体に摂取され，利用される飲料水や生活用水は，その清浄さがきわめて大切である。不衛生な種々の細菌やウイルス，その他の有害・有毒物質によって汚染された水を利用した場合には種々の疾病に感染し，また病気が発生する。表1-1に明治10年～20年間の水系伝染病発生状況を示す。また，図1-2に水道普及率と水系伝染病患者数の推移を示す。

　飲料水によって伝播される伝染病には次のようなものがある。

　　　※赤痢　　　　　アメーバ赤痢
　　　※腸チフス　　※急性灰白髄炎（ポリオ）
　　　※パラチフス　　流行性肝炎
　　　※コレラ　　　　泉熱

　※は感染症新法（平成11年4月1日）による二類感染症

第1章 総論

表1-1 明治10年～20年間水系伝染病発生状況（内務省衛生局年報による）

明治(年)	コレラ 患者数	コレラ 死亡数	赤痢 患者数	赤痢 死亡数	腸チフス 患者数	腸チフス 死亡数	摘　　要
10	13,710	7,967					コレラの流行―同年9月長崎に入港した英国商船から伝播した
11	902	275	1,098	131	3,983	549	
12	162,637	105,786	8,119	1,477	10,052	3,530	コレラの流行―同年3月愛媛県に始まり，大分県に及び全国に蔓延した
13	1,570	589	6,015	1,473	13,349	3,606	
14	9,328	6,197	7,001	1,837	24,033	5,866	
15	51,638	33,784	4,289	1,300	18,258	4,954	コレラの流行―同年2月横浜に発生，全国に蔓延した
16	969	434	21,172	5,066	18,769	5,043	
17	900	415	22,524	5,989	20,816	5,699	
18	13,772	9,310	47,183	10,627	27,934	6,483	コレラの流行―同年8月長崎に発生，九州，山陽，四国，近畿，千葉に蔓延
19	155,923	108,405	24,326	6,839	66,224	13,807	コレラの流行―12年以来の最大の流行で流行範囲は1道3府41県に及び鹿児島，宮崎両県を除き全国に波及し，なかんづく大阪，石川，富山，東京，福井，新潟は激甚を極めた
20	1,228	654	16,149	4,257	47,449	9,813	

日本水道協会「日本水道史　総論編」(1967)から

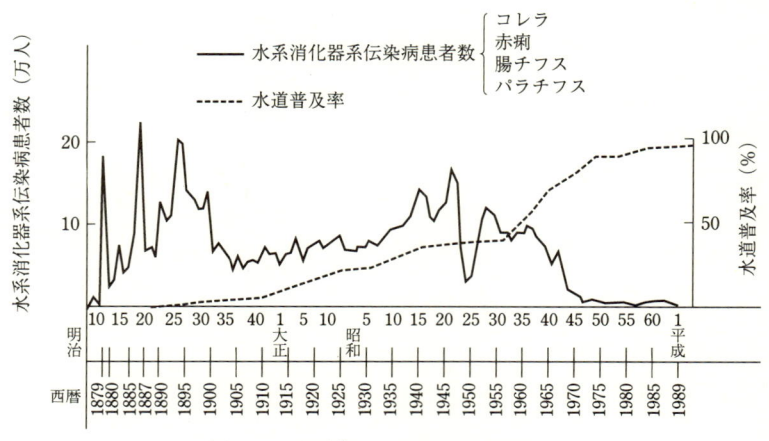

図1-2　水道普及率と水系伝染病発生状況

　また，96％以上にも普及してきている水道の重要性に鑑み，生涯にわたる連続的摂取をしても，人の健康に影響を生じない水準を基とした安全性を考慮した水質基準が定められている（水道法第四条）。

5. 水道概史

人類が誕生したのは新生代第三紀末，約200万年前アウストラロピテクス群が最初と考えられている。「人」とはいえ，火と旧石器を使用する程度のこの時代，人間の外界に働きかける力は極めて微々たるものであり，他の鳥獣に脅かされながら，湧泉や川辺，湖畔に「水」を求めたものと思われる。経験と人類固有の知識の蓄積から，人々は次第に居住に適し，水を求めやすいところに移動し，集落を形成するようになる。人口の自然増加，集落の形成，より高い生活を求めることから，人々はより利便性のある水源－井戸を掘ることによる安定した清浄な水－を得ることに考えついたと想像される。

年代を経るに従い人類は次第に部族・民族の興亡，文化・文明の成立・発展，諸国家の興廃・盛衰を繰り返しつつ，21世紀の現在に至ってきている。

この間，水は人間の日常に必要欠くべからざるものとしてきたと考えられる。

古来よりの水を求める技術の沿革を水道概史として表1-2に示した。

図1-3に古代文明世界を示す。

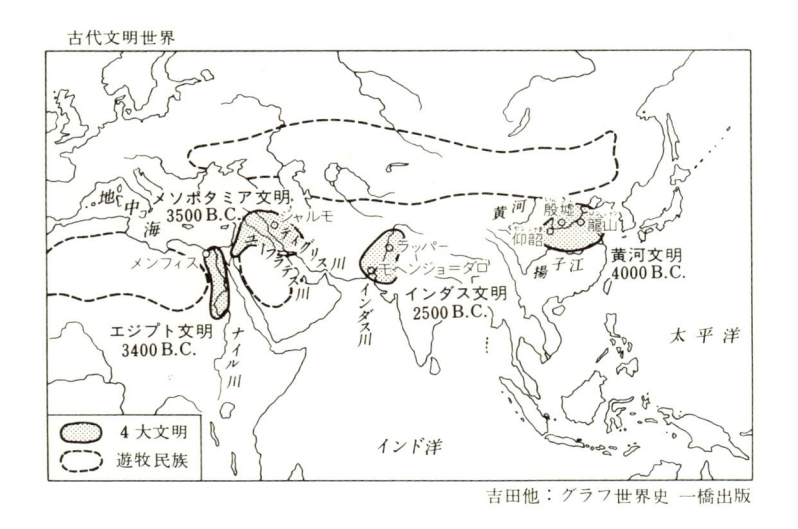

吉田他：グラフ世界史 一橋出版

図1-3　古代文明世界

第1章 総論

表1-2 水道概史

年代	時代	日本	諸外国
B.C.4000			黄河文明
			メソポタミア文明
B.C.3000			エジプト文明
			バビロニア「はねつるべ」の図柄
			2780〜2250, エジプト古王国ワディ・ゲツラウィーダムの遺跡
			インダス文明
B.C.2000			カイロ, ジョゼフの井戸(深さ90m), ペルシア水車の利用
		1500	滑車使用のつるべ
		1313	エジプト, ホムス湖のダム
B.C.1000	縄文	1240	アッシリア, カナート(横井戸と導水をかねた地下水道)の出現
		753	ローマ建国
B.C.500		700	アッシリア, センケナブリの水路延長80km, アスファルト防水
		312	ローマ・アピアの水道, 延長10.31マイル……(AD305まで, ローマの水道14水路, 全長578km 水源, 湧泉, 湖, 河 622,000m³ 190l/人・日)
B.C.300	弥生	278	アルキメデスのネジー連続揚水装置
		180	ギリシャ(ペルガモンの水道—サイフォンの応用鉛管, 青銅管の利用)
A.D.1	古	31	ローマ帝政
	噴	50	アッタリアアテナイオス「水の浄化—沪過と浸透」著作
			ローマ, 押上げポンプの利用
		200	ローマ, 青銅製止水栓の利用, 鉛管の規格化と利用
		300	イスタンブール, 水道用配水池
500	飛白	480	西ローマ帝国滅亡, 暗黒時代に入る—公共事業の衰微
	鳥鳳	600	英・アングロサクソン七王国
		613	フランク王国統一
710	奈良	橿原の堀井遺跡 投げつるべ井戸	
794		竿 つるべ井戸 }など井戸利用	
	平安	撥 つるべ井戸	
1000			
1000		°	
1100		1153	英・カンタベリー寺院の給水道
	1192	1190	パリ, 鉛管を用いて導水
1200		1235	ロンドン, 鉛管と石造水路より泉の水を市中に導水 パリ, 水運び屋による水売り。
	鎌倉		
1300	1333		
	南北朝		
1400	1391		
	室町	1412	ドイツ, アウクスブルグ公共水汲場で鋳鉄管の利用
1500		1545 小田原, 早川上水	1527 ドイツ, ハノーバー水道用ポンプ使用
	1573 安桃	1590 江戸, 神田上水 甲府, 富山, 駿府, 福井, 近江地方水道	1607 パリ水道, 給水量248 l/人・日
1600	1603 土山		1616 ロンドン, ニューリバー水道会社設立
		1610 江戸, 大阪に掘抜井戸, 米沢, 赤穂 鳥取, 中津, など	
1700		明治元年まで44の地方水道が完成, 利用される。	1701 プロシア王国成立
			1761 ロンドン, 水道用ポンプに蒸気利用
1800	江戸		

5. 水道概史

時代	年（和暦）	普及率	日本の出来事	年	世界の出来事
	1800			1804	米、フィラデルフィア水道に鋳鉄管採用
江戸					欧、ナポレオン皇帝即位
	1822		九州、山陽、山陰コレラ流行		
	1850			1855	ロンドン、河川を水源としている水は全て濾過方式とする
	1868			1861	仏、パスツール自然発生説の否定
明治	1870(明3)		大阪「水屋」水売り	1864	独、24本の水道で給水
	1877(明10)		7波にわたりコレラ大流行(1915-大5)まで		
	1887(明20)		横浜市近代水道給水開始、水道布設促進に関する建議文		
	1889(明22)		函館市給水開始	1884	独、コッホ、ペッテンコーヘルとのコレラ論争
	1890(明23)		水道条例		
	1894(明27)		日清戦争		
				1897	英、メイドストン、次亜塩素酸カルシウムによる消毒
	1900			1900	仏、パリ市水道給水量246 l/人・日
	1904(明37)		日露戦争	1904	英、Allen, Hazen沈澱理論発表
大正	1915		水道用渦巻ポンプ	1914	第1次世界大戦
	1926		次亜塩素酸Na製造		
	1934		淀橋浄水場塩素通年使用	1939	第2次世界大戦
	1941(昭16)		太平洋戦争		
	1945(昭20)		太平洋戦争終戦	1948	ベルリン封鎖
		普及率		1949	中華人民共和国
	1950(昭25)	31.4	飲料水検査指針、朝鮮戦争、金閣寺焼失		
	1951		サンフランシスコ平和条約		
	1955(昭30)	32.0	硬質塩ビ管、液硫酸バンド使用、ワルシャワ条約、		
昭	1956		日ソ共同宣言　スエズ動乱		
	1957	40.7		1958	米、人工衛星打ち上げ
	1958		下水道法、水質保全法、工場排水法、岩戸景気		
	1960(昭35)	53.4	上水試験方法　神武景気、日米新安保条約		
	1964		東京オリンピック、東海道新幹線		
	1965(昭40)	69.4	水道広域化、水道施設基準、かび臭問題、中国文化大革命、		
	1969		石油危機	1969	アポロ月着陸
	1970(昭45)	80.8	多摩川取水停止問題、大阪万博、		
	1971		公害国会・環境庁	1971	中華人民共和国国連加盟
	1972		沖縄返還、山陽新幹線		
	1975(昭50)	87.6	中水道検討	1975	ヴェトナム戦争終結
和	1977		水道施設設計指針解説		
	1978		北九州大渇水問題、成田空港、日中平和条約		
	1980(昭55)	91.5	オゾン・粒状活性炭（柏井）、モスクワオリンピック		
	1981		トリハロメタン対策	1981	中国鄧小平体制
	1984		トリクロロエチレン地下水汚染対策		
	1985(昭60)	93.3	美味しい水、電電公社・専売公社民営化、日航機墜落		
	1987		近代水道100年　世界人口50億人		
	1989(平元)		消費税導入	1989	東欧民主化の動き
	1990(平2)	94.7	水道施設設計指針・解説	1990	ソ連大統領制　統一ドイツ誕生
平	1991(平3)		水道水の安全対策	1991	ソ連共産党解散・ソ連解体、CIS結成
	1993(平5)		新・水道水質基準、米不作＝輸入		
成	1994(平6)		関西大渇水	1994	南ア、マンデラ大統領
	1995(平7)		兵庫県沖地震－阪神大震災、オウム真理教問題		
	1996		O-157大流行、パレスチナ自治権		
	1997		金融破たん相次ぐ、香港、中国に返還		
	1998(平10)		北朝鮮ロケット日本を飛び越える		
	1999		感染症新法		
	2000		水道施設設計指針2000		

6. 水道関連法規

6.1 水道法の沿革

わが国の水道を規律する法律は，社会情勢の変遷，国民生活の変化，水道に関する時代の要請に対応すべく，次のように変わってきた。

<table>
<tr><td>明治20年6月</td><td>水道布設促進に関する建議文</td></tr>
<tr><td>明治23年2月</td><td>水道条例の制定（法律第9号）</td></tr>
<tr><td></td><td>水道条例の改正　第1次－明治44年，第2次－大正2年，第3次－大正10年　第4次－昭和22年，第5次－昭和28年</td></tr>
<tr><td>昭和32年6月</td><td>水道法の制定　　（法律第177号）</td></tr>
<tr><td>昭和52年5月</td><td>水道法の改正　　（法律第73号）：広域的水道整備計画</td></tr>
<tr><td>平成6年</td><td>水道法の改正　　（法律第84号）：</td></tr>
</table>

6.2 水道法

現行水道法の抄録を次に示す。

● 水道法（抄）
　　注　平11法律151改正現在

（昭和32.6.15
　法律　177）

第1章　総則

（この法律の目的）

第1条　この法律は，水道の布設及び管理を適正かつ合理的ならしめるとともに，水道を計画的に整備し，及び水道事業を保護育成することによって，清浄にして豊富低廉な水の供給を図り，もって公衆衛生の向上と生活環境の改善とに寄与することを目的とする。

（責務）

第2条　国及び地方公共団体は，水道が国民の日常生活に直結し，その健康を守るために欠くことのできないものであり，かつ，水が貴重な資源であることにかんがみ，水源及び水道施設並びにこれらの周辺の清潔保持並びに水の適正かつ合理的な使用に関し必要な施策を講じなければならない。

2　国民は，前項の国及び地方公共団体の施策に協力するとともに，自らも，水源及び水道施設並びにこれらの周辺の清潔保持並びに水の適正かつ合理的な使用に努めなければならない。

第2条の2　地方公共団体は，当該地域の自然的社会的諸条件に応じて，水道の計画的整備に関する施策を策定し，及びこれを実施するとともに，水道事業及び水道用水供給事業を経営するに当たっては，その適正かつ能率的な運営に努めなければならない。

2　国は，水源の開発その他の水道の整備に関する基本的かつ総合的な施策を策定し，及びこれを推進するとともに，地方公共団体並びに水道事業及び水道用水供給事業者に対し，必要な技術的及び財政的援助を行うよう努めなければならない。

（用語の定義）

第3条　この法律において「水道」とは，導管及びその他の工作物により，水を人の飲用に適する水として供給する施設の総体をいう。ただし，臨時に施設されたものを除く。

6. 水道関連法規

2　この法律において「水道事業」とは，1般の需要に応じて，水道により水を供給する事業をいえ。ただし，給水人口が100人以下である水道によるものを除く。

3　この法律において「簡易水道事業」とは，給水人口が5,000人以下である水道により，水を供給する水道事業をいう。

4　この法律において「水道用水供給事業」とは，水道により，水道事業者に対してその用水を供給する事業をいう。ただし，水道事業者又は専用水道の設置者が他の水道事業者に分水する場合を除く。

5　この法律において「水道事業者」とは，第6条第1項の規定による認可を受けて水道事業を経営する者をいい，「水道用水供給事業者」とは，第26条の規定による認可を受けて水道用水供給事業を経営する者をいう。

6　この法律において「専用水道」とは，寄宿舎，社宅，療養所等における自家用の水道その他水道事業の用に供する水道以外の水道であって，100人をこえる者にその居住に必要な水を供給するものをいう。ただし，他の水道から供給を受ける水のみを水源とし，かつ，その水道施設のうち地中又は地表に施設されている部分の規模が政令で定める基準以下である水道を除く。

7　この法律において「簡易専用水道」とは，水道事業の用に供する水道及び専用水道以外の水道であって，水道事業の用に供する水道から供給を受ける水のみを水源とするものをいう。ただし，その用に供する施設の規模が政令で定める基準以下のものを除く。

8　この法律において「水道施設」とは，水道のための取水施設，貯水施設，浄水施設，送水施設及び配水施設(専用水道にあっては，給水の施設を含むものとし，建築物に設けられたものを除く。以下同じ。)であって，当該水道事業者，水道用水供給事業者又は専用水道の設置者の管理に属するものをいう。

9　この法律において「給水装置」とは，需要者に水を供給するために水道事業者の施設した配水管から分岐して設けられた給水管及びこれに直結する給水用具をいう。

10　この法律において「水道の布設工事」とは，水道施設の新設又は政令で定めるその増設若しくは改造の工事をいう。

11　この法律において「給水区域」，「給水人口」及び「給水量」とは，それぞれ事業計画において定める給水区域，給水人口及び給水量をいう。

(水質基準)
第4条　水道により供給される水は，次の各号に掲げる要件を備えるものでなければならない。
　1　病原生物に汚染され，又は病原生物に汚染されたことを疑わせるような生物若しくは物質を含むものでないこと。
　2　シアン，水銀その他の有毒物質を含まないこと。
　3　銅，鉄，弗素，フェノールその他の物質をその許容量をこえて含まないこと。
　4　異常な酸性又はアルカリ性を呈しないこと。
　5　異常な臭味がないこと。ただし，消毒による臭味を除く。
　6　外観は，ほとんど無色透明であること。

2　前項各号の基準に関して必要な事項は，厚生省令で定める。

(施設基準)
第5条　水道は，原水の質及び量，地理的条件，当該水道の形態等に応じ，取水施設，貯水施設，導水施設，浄水施設，送水施設及び配水施設の全部又は1部を有すべきものとし，その各施設は，次の各号に掲げる要件を備えるものでなければならない。
　1　取水施設は，できるだけ良質の原水を必要量取り入れることができるものであること。
　2　貯水施設は，渇水時においても必要量の原水を供給するのに必要な貯水能力を有するものであること。
　3　導水施設は，必要量の原水を送るのに必要なポンプ，導水管その他の設備を有すること。
　4　浄水施設は，原水の質及び量に応じて，前条の規定による水質基準に適合する必要量の浄水を得るものに必要なちんでん池，濾過池その他の設備を有し，かつ，消毒設備を備えていること。

5　送水施設は，必要量の浄水を送るのに必要なポンプ，送水管その他の設備を有すること。
　　6　配水施設は，必要量の浄水を1定以上の圧力で連続して供給するものに必要な配水池，ポンプ，配水管その他の設備を有すること。
　2　水道施設の位置及び配列を定めるにあたっては，その布設及び維持管理ができるだけ経済的で，かつ，容易になるようにするとともに，給水の確実性をも考慮しなければならない。
　3　水道施設の構造及び材質は，水圧，土圧，地震力その他の荷重に対して充分な耐力を有し，かつ，水が汚染され，又は漏れるおそれがないものでなければならない。
　4　前3項に規定するもののほか，水道施設に関して必要な技術的基準は，厚生省令で定める。
　　　第1章の2　広域的水道整備計画
第5条の2　地方公共団体は，この法律の目的を達成するため水道の広域的な整備を図る必要があるときは，関係地方公共団体と共同して，水道の広域的な整備に関する基本計画（以下「広域的水道整備計画」という。）を定めるべきことを都道府県知事に要請することができる。
　2　都道府県知事は，前項の規定による要請があった場合において，この法律の目的を達成するため必要があると認めるときは，関係地方公共団体と協議し，かつ，当該都道府県の議会の同意を得て，広域的水道整備計画を定めるものとする。
　3　広域的水道整備計画においては，次の各号に掲げる事項を定めなければならない。
　　1　水道の広域的な整備に関する基本方針
　　2　広域的水道整備計画の区域に関する事項
　　3　前号の区域に係る根幹的水道施設の配置その他水道の広域的な整備に関する基本的事項
　4　広域的水道整備計画は，当該地域における水系，地形その他の自然的条件及び人口，土地利用その他の社会的条件，水道により供給される水の整備に関する長期的な見通し並びに当該地域における水道の整備の状況を勘案して定めなければならない。
　5　都道府県知事は，広域的水道整備計画を定めたときは，遅滞なく，これを厚生大臣に報告するとともに，関係地方公共団体に通知しなければならない。
　6　厚生大臣は，都道府県知事に対し，広域的水道整備計画に関し必要な助言又は勧告をすることができる。

　　　第2章　水道事業
（事業の認可及び経営主体）
第6条　水道事業を経営しようとする者は，厚生大臣の認可を受けなければならない。
　2　水道事業は，原則として市町村が経営するものとし，市町村以外の者は，給水しようとする区域をその区域に含む市町村の同意を得た場合に限り，水道事業を経営することができるものとする。
（認可の申請）
第7条　水道事業経営の認可の申請をするには，申請書に，事業計画書，工事設計書その他厚生省令で定める書類（図面を含む。）を添えて，これを厚生大臣に提出しなければならない。
　2　前項の事業計画書には，次に掲げる事項を記載しなければならない。
　　1　給水区域，給水人口及び給水量
　　2　水道施設の概要
　　3　給水開始の務定年月日
　　4　工事費の予定総額及びその予定財源
　　5　給水人口及び給水量の算出根拠
　　6　経常収支の概算
　　7　料金，給水装置工事の費用の負担区分その他の供給条件
　　8　その他厚生省令で定める事項
　3　第1項の工事設計書には，次に掲げる事項を記載しなければならない。
　　1　1日最大給水量及び1日平均給水量

6. 水道関連法規

 2　水源の種別及び取水地点
 3　水源の水量の概算及び水質試験の結果
 4　水道施設の位置（標高及び水位を含む），規模及び構造
 5　浄水方法
 6　配水管における最大静水圧及び最小動水圧
 7　工事の着手及び完了の予定年月日
 8　その他厚生省令で定める事項

（認可基準）
第8条　水道事業経営の認可は，その申請が次の各号に適合していると認められるときでなければ，与えてはならない。
 1　当該水道事業の開始が1般の需要に適合すること。
 2　当該水道事業の計画が確実かつ合理的であること。
 3　水道施設の工事の設計が第5条の規定による施設基準に適合すること。
 4　給水区域が他の水道事業の給水区域と重複しないこと。
 5　供給条件が第14条第4項各号に規定する要件に適合すること。
 6　地方公共団体以外の者の申請に係る水道事業にあっては，当該事業を遂行するに足りる経理的基確があること。
 7　その代当該水道事業の開始が公益上必要であること。

（給水開始前の届出及び検査）
第13条　水道事業者は，配水施設以外の水道施設又は配水池を新設し，増設し，又は改造した場合において，その新設，増設又は改造に係る施設を使用して給水を開始しようとするときは，あらかじめ，厚生大臣にその旨を届け出て，かつ，厚生省令の定めるところにより，水質検査及び施設検査を行わなければならない。
 2　水道事業は，前項の規定による水質検査及び施設検査を行つたときは，これに関する記録を作成し，その検査を行つた日から起算して5年間，これを保存しなければならない。

（検査の請求）
第18条　水道事業によつて水の供給を受ける者は，当該水道事業者に対して，給水装置の検査及び供給を受ける水の水質検査を請求することができる。
 2　水道事業者は，前項の規定による請求を受けたときは，すみやかに検査を行い，その結果を請求者に通知しなければならない。

（水道技術管理者）
第19条　水道事業者は，水道の管理について技術上の業務を担当させるため，水道技術管理者1人を置かなければならない。ただし，自ら水道技術管理者となることを妨げない。
 2　水道技術管理者は，次に掲げる事項に関する事務に従事し，及びこれらの事務に従事する他の職員を監督しなければならない。
 1　水道施設が第5条の規定による施設基準に適合しているかどうかの検査
 2　第13条第1項の規定による水質検査及び施設検査
 3　給水装置の構造及び材質が第16条の規定に基く政令で定める基準に適合しているかどうかの検査
 4　次条第1項の規定による水質検査
 5　第21条第1項の規定による健康診断
 6　第22条の規定による衛生上の措置
 7　第23条第1項の規定による給水の緊急停止
 8　第37条前段の規定による給水停止
 3　水道技術管理者は，政令で定める資格を有する者でなければならない。

（水質検査）

第20条　水道事業者は，厚生省令の定めるところにより，定期及び臨時の水質検査を行わなければならない。

2　水道事業者は，前項の規定による水質検査を行つたときは，これに関する記録を作成し，水質検査を行つた日から起算して5年間，これを保存しなければならない。

3　水道事業者は，第1項の規定による水質検査を行うため，必要な検査施設を設けなければならない。ただし，当該水質検査を地方公共団体の機関又は厚生大臣の指定する者に委託して行うときは，この限りでない。

（健康診断）

第21条　水道事業者は，水道の取水場，浄水場又は配水池において業務に従事している者及びこれらの施設の設置場所の構内に居住している者について，厚生省令の定めるところにより，定期及び臨時の健康診断を行わなければならない。

2　水道事業者は，前項の規定による健康診断を行つたときは，これに関する記録を作成し，健康診断を行つた日から起算して1年間，これを保存しなければならない。

（衛生上の措置）

第22条　水道事業者は，厚生省令の定めるところにより，水道施設の管理及び運営に関し，消毒その他衛生上必要な措置を講じなければならない。

（給水の緊急停止）

第23条　水道事業者は，その備給する水が人の健康を害するおそれがあることを知つたときは，直ちに給水を停止し，かつ，その水を使用することが危険である旨を関係者に周知させる措置を講じなければならない。

2　水道事業者の供給する水が人の健康を害するおそれがあることを知つたときは，直ちにその旨を当該水道事業者に通報しなければならない。

　　　第4章　専用水道

（確認）

第32条　専用水道の布設工事をしようとする者は，その工事に着手する前に，当該工事の設計が第5条の規定による施設基準に適合するものであることについて，都道府県知事の確認を受けなければならない。

　　　第4章の2　簡易専用水道

第34条の2　簡易専用水道の設置者は，厚生省令で定める基準に従い，その中道を管理しなければならない。

2　簡易専用水道の設置者は，当該簡易専用水道の管理について，厚生省令の定めるところにより，定期に，地方公共団体の機関又は厚生大臣の指定する者の検査を受けなければならない。

　　　第5章　監督

（改善命令等）

第36条　厚生大臣は水道用水供給事業について，都道府県知事は専用水道について，当該水道施設が第5条の規定による施設基準に適合しなくなつたと認めるときは，当該水道事業者若しくは水道用水供給事業者又は専用水道の設置者に対して，期間を定めて，当該施設を改善すべき旨を命ずることができる。

2　厚生大臣は水道事業又は水道用水供給事業について，都道府県知事は専用水道について，水道技術管理者がその職務を怠り，警告を発したにもかかわらずなお継続して職務を怠つたときは，当該水道事業者若しくは水道用水供給事業者又は専用水道の設置者に対して，水道技術管理者を変更すべきことを勧告することができる。

3　都道府県知事は，簡易専用水道の管理が第34条の2第1項の厚生省令で定める基準に適合していないと認めるときは，当該簡易専用水道の設置者に対して，期間を定めて，当該簡易専用水道の設置

6. 水道関連法規

者に対して，期間を定めて，当該簡易専用水道の管理に関し，清掃その他の必要な措置を採るべき旨を命ずることができる。
（給水停止命令）
第37条　厚生大臣は水道事業者又は水道用水供給事業者が，都道府県知事は専用水道又は簡易専用水道の設置者が，前条第1項又は第3項の規定に基く命令に従わない場合において，給水を継続させることが当該水道の利用者の利益を阻害すると認めるときは，その命令に係る事項を履行するまでの間，当該水道による給水を停止すべきことを命ずることができる。同条第2項の規定に基く勧告に従わない場合において，給水を継続させることが当該水道の利用者の利益を阻害すると認めるときも，同様とする。

（報告の徴収及び立入検査）
第39条　厚生大臣又は都道府県知事は，水道の布設若しくは管理又は水道事業若しくは水道用水供給事業の適正を確保するために必要があると認めるときは，水道事業者，水道用水供給事業者若しくは専用水道の設置者から工事の施行状況若しくは事業の実施状況について必要な報告を徴し，又は当該職員をして水道の工事現場，事務所若しくは水道施設のある場所に立ち入らせ，工事の施行状況，水道施設，水質，水圧，水量若しくは必要な帳簿書類を検査させることができる。

2　都道府県知事は，簡易専用水道の管理の適正を確認するために必要があると認めるときは，簡易専用水道の設置者から簡易専用水道の管理について必要な報告を徴し，又は当該職員をして簡易専用水道の用に供する施設の在る場所若しくは設置者の事務所に立ち入らせ，その施設，水質若しくは必要な帳簿書類を検査させることができる。

3　前2期の規定により立入検査を行う場合には，当該職員は，その身分を示す証明書を携帯し，かつ，関係者の請求があつたときは，これを提示しなければならない。

4　第1項又は第2項の規定による立入検査の権限は，犯罪捜査のために認められたものと解釈してはならない。

第6章　雑則
（水源の汚濁防止のための要請等）
第43条　水道事業者又は水道用水供給事業者は，水源の水質を保全するため必要があると認めるときは，関係行政機関の長又は関係地方公共団体の長に対して，水源の水質の汚濁の防止に関し，意見を述べ，又は適当な措置を講ずべきことを要請することができる。

〔参　考〕
●中央省庁等改革関係施行法（抄）

（平成11.12.22　法律　160）

第11章　厚生労働省関係
（水道法の一部改正）
第653条　水道法（昭和32年法律第177号）の一部を次のように改正する。
　本則中「厚生省令」を「厚生労働省令」に，「厚生大臣」を「厚生労働大臣」に改める。
　　　附　則（抄）
（施行期日）
第1条　この法律（第2条及び第3条を除く。）は，平成13年1月6日から施行する。〔以下略〕

6.3　水道に関する関連法規

　水道の整備にあった手は，基本法律としての水道法を始め，関連する諸法令を熟知し，これらの法令に従うことが必要である。ここに，水道に関する法律

のうち主なものを列挙すると次のようである。

①水道全般に関連する法律

水道法

②水需要に関連する法律

国土利用計画法

都市計画法

都圏整備法

その他各地方開発促進法など

③水源に関連する法律

環境基本法

水道原水水質保全事業の実施の促進に関する法律

特定水道利水障害の防止のための水道水源の水質の保全に関する特別措置法

湖沼水質保全特別措置法

河川法

水資源開発促進法

水資源開発公団法

特定多目的ダム法

電源開発促進法

水源地域対策特別措置法

④水道施設の建設に関連する法律

河川法

建設基準法

道路法

⑤事業経営に関する法律

地方自治法

地方公営企業法

公営企業金融公庫法

⑥その他

消防法

第2章　基本計画

1.　あらまし

　基本計画では，将来の水需要を想定し，水道施設の新設または拡張のための基本的な計画をたてるものであり，その策定にあたっては次の事項に配慮する。
　1）水量的な安全性の確保　2）水質的な安全性の確保　3）適正な水圧の確保　4）地震対策　5）施設の改良・更新　6）環境対策　7）その他
　図2-1に水道施設整備の手順を示す。

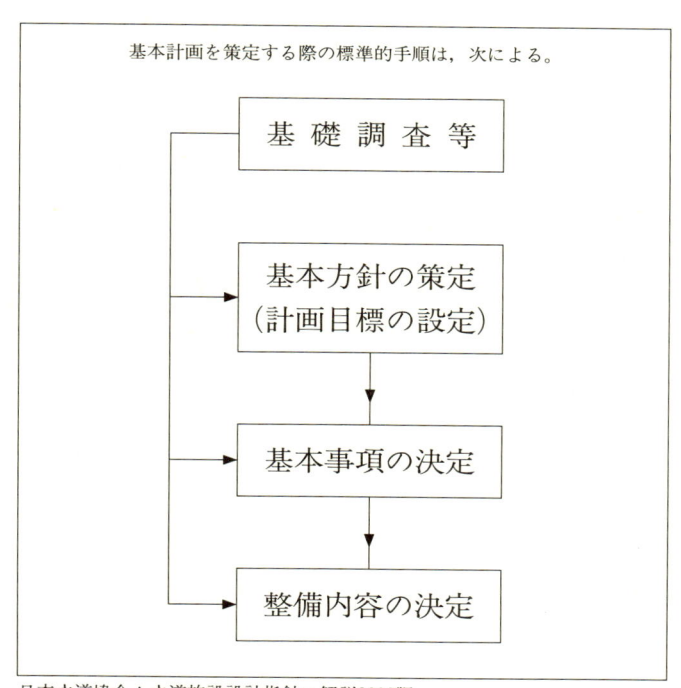

基本計画を策定する際の標準的手順は，次による。

基礎調査等
　↓
基本方針の策定
（計画目標の設定）
　↓
基本事項の決定
　↓
整備内容の決定

日本水道協会：水道施設設計指針・解説2000版

図2-1　基本計画策定手順

2. 基本方針

水道施設の新設または拡張のための基本計画は，次の各項に掲げる基本方針により策定されなければならない。

(1) 衛生的に安全な必要量の水を，計画年次に至るまでに必要な地域に常時安定して供給できること。
(2) 施設総体としての合理性，安全性を有するとともに，維持管理に配慮されていること。
(3) 水道の有効利用が図られていること。
(4) 水道の整備に関する総合的な計画に整合しているとともに，関連する水道事業および水道用水供給事業の計画との調整が図られていること。
(5) 水源の選択は極めて重要である。地域の特性を十分に検討し，水道の三要素を満たすよう慎重に検討をすすめる。

3. 水道計画の段階的手順

3.1 基本構想

地域の水需要の動向，水資源の状況，近隣市町村の水道事業や水道用水供給事業の状況を踏まえて，水道建設の構想をたてる。

3.2 基本計画

基本構想を前提に水需要，水資源等に関する基礎調査を行って，建設規模の決定，水源の選定，施設の基本設計（主要施設の配置，構造，水理計算，構造設計，概算事業費の算定）を行う。

3.3 実施設計

基本計画の基に，各施設を実際に建設するために詳細な調査を行った上で，細部にわたる設計を行う。施工に必要な図面，工事仕様書および工事数量表などの設計図書を作成すること。

4. 基本事項

(1) 計画年次：将来予測，設備整備の合理性を踏まえたうえで可能な限り長期間を設定する。計画策定時より15～20年間を標準とする。

(2) 計画給水区域：計画年次までに配水管を布設し，給水しようとする区域。広域的に配慮する。

(3) 計画給水人口：計画給水区域内人口に計画給水普及率を乗じて決定する。

(4) 計画給水量：原則として用途別使用水量をもとに決定する。

5. 広域的水道整備計画
5.1 水道広域化の今日的意義

今日の水道は，①水源の不安定化，②水道水質問題の多様化，③水処理技術の多様化，④建設費や維持管理費の高騰による経営圧迫，⑤水道事業間の料金格差の拡大等など，多くの困難な問題に直面している。一方，15,051（平成11年度）にのぼる水道事業のうちには，単独ではこれに対応していくだけの力に乏しい小規模なものが多い。

これらの諸問題は，今後ますます深刻化していくことも予想される。したがって，水道本来の目的を達成していくためにも，①事業の再編成や共同化の促進，②水道事業団体等の力の結集とそのための努力を必要とする時期にきている。そのためには，まず都道府県が幅広い視点に立って，水道整備に関する基本構想を策定し，また，必要な地域については，広域的水道整備計画を策定することにより，今後の水道が進むべき方向を明らかにすることが不可欠である。それに基づき，関係の水道事業や水道用水供給事業者が主体的に論議し，かつ努力していくとともに，都道府県が積極的に調整・誘導の役割を果たして行くことが必要である。昭和52年の水道法の改正により，水道の広域的整備を円滑に推進するために本計画を策定する。

5.2 整備計画

地方公共団体は，水道の広域的な整備を図る必要があると認めるときは，関係地方公共団体と共同して，水道の広域的な整備に関する基本計画を定めるべきことを都道府県知事に要請する（ことができる）。都道府県知事は要請があった場合，その必要があると認めるときは，関係地方公共団体と協議し，かつ都道府県議会の同意を得て広域水道整備計画を定める。

5.3 広域水道とは

県営水道や，市町村が一緒に水道事業を経営する一部事業組合式である企業団営水道等，いわゆる市町村の行政区域を越えて経営を行っている水道の総称。昭和50年代後半から昭和60年代前半にかけて創設された広域水道としては，水道用水供給事業が多い。表2-1に広域的水道整備計画策定状況を示す。

表2-1 広域的水道整備計画策定状況

(平成12年3月現在)

都道府県名	計画名称 ( )内は策定年度	都道府県名	計画名称 ( )内は策定年度	都道府県名	計画名称 ( )内は策定年度
北海道	空知北部地域 (53,58,7改正)	埼玉県 千葉県	埼央広域水道圏(2) 西部圏域(55)	京都府 大阪府	南部地域(60) 大阪府(44,2改正)
〃	十勝地域(56)	〃	東部圏域(58)	兵庫県	瀬戸内東南部地域(53)
〃	石狩西部地域(3)	〃	南部圏域(2)	〃	淡路地域(元)
〃	石狩東部地域(6)	神奈川県	東部圏域(55)	奈良県	奈良県(58)
青森県	津軽圏域中央部(54)	新潟県	新潟地域(54)	〃	北部地域(11)
〃	上十三地域(56)	〃	上越地域(54)	島根県	中部地域(54)
〃	八戸圏域(60)	〃	魚沼地域(54)	〃	東部地域(4)
岩手県	中部圏域(58)	石川県	加賀能登南部地域(55)	岡山県	岡山県(60.3改正)
〃	胆江圏域(元)	福井県	南越地域(57)	広島県	広島圏域(53,56改正)
宮城県	南部水道広域圏(51)	山梨県	峡北地域(55)	〃	備後圏域(57,3改正)
〃	石巻地方(54)	〃	中央地域(3)	山口県	山口・小郡地域(53)
山形県	村山地域(51)	〃	東部地域(7)	〃	柳井・大島ブロック・光ブロック(11)
〃	置賜地域(53,62改正)	長野県	上伊那圏域(55)		
〃	庄内地域(55,60改正)	岐阜県	岐阜東部(62)	香川県	香川県(56,10改正)
〃	最上地域(55)	静岡県	大井川地域(53)	愛媛県	宇和島市他1市8町地域 (53,55改正)
福島県	会津地域(56)	〃	遠州地域(54,3改正)		
〃	県北ブロック(60)	愛知県	愛知地域(55,元改正)		松山市外2市5町(5)
〃	県南ブロック (62,8改正)	三重県	南部地域 (52,59,63改正)	福岡県 〃	福岡地域(55,9改正) 筑後地域(57)
〃	浜通り地域(4)	〃	北部広域圏 (62,4,9改正)	〃	田川地域(2)
茨城県	県南地域(53)	〃	西部広域圏(9)		京築地域(2)
〃	県西地域(54)	〃	北部広域圏	佐賀県	東部地域(51)
〃	県央地域(59)			〃	西部地域(60)
〃	鹿行地域(3)		北勢ブロック(11)	長崎県	長崎県南部(11)
栃木県	県中央地域(58)		北部広域圏	熊本県	環不知火海圏域(9)
群馬県	県央地域(52)		中勢ブロック(11)		
〃	東部地域(60)	滋賀県	湖南地域(52,7改正)		

(注) なお，上記の35道府県では水道整備基本構想も策定されているが，他に基本構想のみが策定済みとなっている県として，秋田県，富山県，和歌山県，鳥取県，徳島県，高知県，宮崎県，沖縄県があげられる。

日本水道協会：水道統計要覧（平成11年度）

6. 計画策定手順

基本計画策定にあたっては，給水量を十分確保し得る取水可能量を有する水源の選定と，この給水量を十分に供給する能力を有する施設規模の決定が基本となる。

基本計画の標準的な策定手順を図2-2に示す。

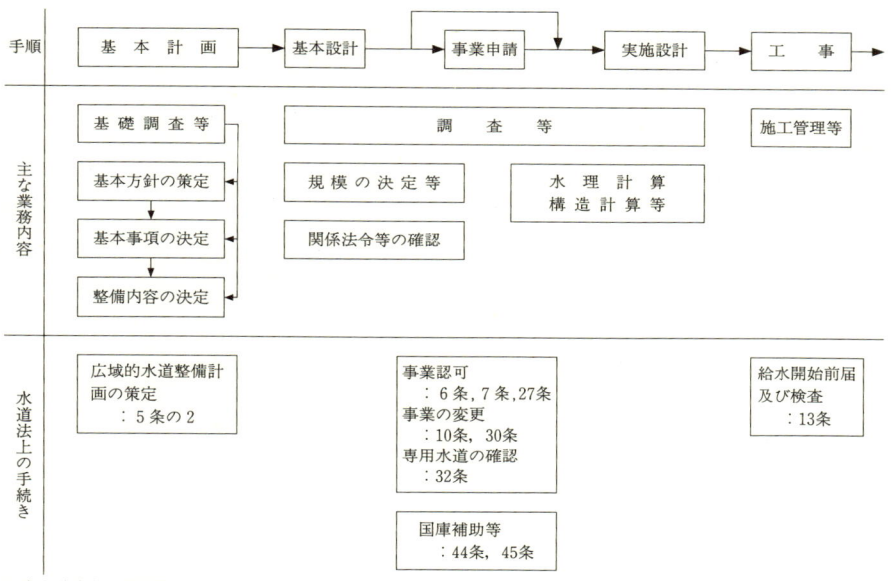

手順	基本計画 → 基本設計 → 事業申請 → 実施設計 → 工事
主な業務内容	基礎調査等／基本方針の策定／基本事項の決定／整備内容の決定　　調査等／規模の決定等／関係法令等の確認　　水理計算・構造計算等　　施工管理等
水道法上の手続き	広域的水道整備計画の策定：5条の2　　事業認可：6条,7条,27条／事業の変更：10条,30条／専用水道の確認：32条／国庫補助等：44条,45条　　給水開始前届及び検査：13条

日本水道協会：水道施設設計指針・解説，1990版

図2-2　水道施設設備の手順

7. 計画年次

水道施設は恒久的な都市施設であることから，その計画立案にあたっては，経済効果を十分に検討した，長期的視野に立った考え方が必要である。

計画年次は，基本計画において対象となる期間であり，基本計画策定時より15～20年間を標準とする。

計画年次は，次の事項を勘案して決定する。

1） 給水需要の動向
2） 水源の種類と確保の見通し
3） 布設当時の金融事情
4） 資金調達の難易
5） 建設費
6） 維持費
7） 施設の耐用年数

計画年次は理想的には，施設の経済性，合理性を考慮してできるだけ長期の計画年次を目標とする。一方，給水需要の急迫のため応急に施行して短期の効果を上げる必要のあるときには，4～5年後を計画年次とすることもある。

8. 計画給水区域

計画給水区域は，計画年次までに配水管を布設し，給水しようとする区域とする。計画給水区域の決定に当たっては，水道の有する社会的役割の重要性を考慮し，施設の建設，管理の能率化と経済性を検討の上，広域的な配慮のもとに行う。

水道事業者は，計画年次までに，計画給水区域内の需要者に対し給水する義務がある。

9. 計画給水人口

9.1 計画給水人口の基本的事項

計画給水人口は，次の各項をもととして定められなければならない。

(1) 都道府県等の推計による将来の行政区域内人口をもととする。

(2) 著しい社会変動が予想されない場合には，過去10年程度の実績並びに都市の性格等を勘案し，いくつかの方法によって得た結果を十分検討のうえ決定する。

(3) 高度の産業開発が予想され，大幅な人口の社会増が見込まれる都市あるいはその他の社会変動により，人口の増減の著しい都市については，その特殊性を十分配慮して決定する。

9. 計画給水人口

9.2 将来人口の推定法

過去の人口の増加実績から将来人口を求める方法として、以下に述べるような方法がある。ここでは、最小自乗法を用いていくつかの過去の人口実績をもととして、計算例を含めて示してみる（なお、実務上では、都市の有する性格と人口の伸びの形態を併せて、採用する算定法を決定する）。

(1) 最小自乗法の考え方 ── **最小自乗法による直線回帰**：観察点 (x_i, y_i) と直線 $y=ax+b$ との縦距 d の自乗の和が最小になるように直線の係数 a, b を決定する。図 2-3 に最小自乗法の考え方の図を示す。

すなわち、このようにして決定された回帰直線を

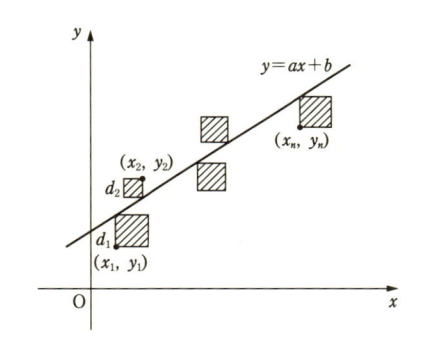

図 2-3 最小自乗法の考え方

$$y = ax + b \tag{2-1}$$

とすると、

$$\sum d^2 = \sum (y - y_i)^2 = D \tag{2-2}$$

の値を最小にする a, b を決定すればよい。

$$\therefore\ D = \sum d^2 = \sum (y - y_i)^2 = \sum (ax_i + b - y_i)^2 \tag{2-3}$$

D を a, b の関数と考えるとき、D が最小となるのは、D を a, b で微分した偏導関数が 0 となるときである。

$$\frac{\partial D}{\partial a} = 2(a\sum x_i^2 + b\sum x_i - \sum(x_i \cdot y_i)) = 0 \tag{2-4}$$

$$\frac{\partial D}{\partial b} = 2(a\sum x_i + \sum b - \sum y_i) = 0 \tag{2-5}$$

$$(a\sum x_i^2 + b\sum x_i - \sum(x_i \cdot y_i)) = 0 \tag{2-6}$$

$$(a\sum x_i + \sum b - \sum y_i) = 0 \tag{2-7}$$

より，次の正規方程式を得る。

$$\sum(x_i \cdot y_i) = a\sum x_i^2 + b\sum x_i \tag{2-8}$$

$$\sum y_i = a\sum x_i + \sum b = a\sum x_i + n \cdot b \tag{2-9}$$

この(8)，(9)式より，係数 a，b は次のように求めることができる。

$$a = \frac{n\sum(x_i \cdot y_i) - \sum x_i \cdot \sum y_i}{n\sum x_i^2 - (\sum x_i)^2} \tag{2-10}$$

$$b = \frac{\sum x_i^2 \cdot \sum y_i - \sum x_i \cdot \sum(x_i \cdot y_i)}{n\sum x_i^2 - (\sum x_i)^2} \tag{2-11}$$

(2) **等差級数法**(年平均人口増加数をもととする方法)：毎年の人口増加数が比較的少ない都市や，発展の緩やかな都市，発展し尽くした都市市などに適用される（図2-4 1次直線が当てはめられると考えられる場合）。

$$y = ax + b \tag{2-12}$$

y：将来人口，X：1987年を0年としたときの年数

$b := Y_0$，1987年を0年としたときの人口

a. 単純な計算による場合

1987年から1995年の8年間に13万5千人から15万7千5百人に毎年ほぼ一定の増加があったと考えて計算する。

$$a = \frac{157{,}500 - 135{,}000}{8} = 2{,}812.5 \fallingdotseq 2{,}813 \tag{2-12}$$

すなわち，1年間に2,813人増加する。

したがって，将来人口を求める一般式は

$$y = 2{,}813x + 135{,}000 \tag{2-14}$$

ここに，x は1987年を0年とした場合の年

b. 最小自乗法による場合

（2-12）式の係数 a，b は（2-10）式，（2-11）式で与えられる。その計算を計算表で行う。この場合，計算の煩雑さをさけるため，西暦1987年（X年）を0年（x年）に置き換えて以降の計算を進める。

9. 計画給水人口

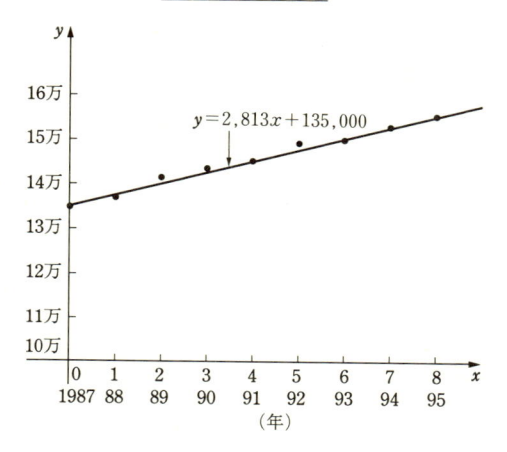

図2-4　1次直線－等差級数法

表2-2　N市の人口の変化

年	x	1987	1988	1989	1980	1981	1992	1993	1994	1995
人口	y万人	13.50	13.72	14.25	14.47	14.61	15.05	15.19	15.46	15.75

表2-3　直線回帰の計算例

年		人口		
年 X	x	万人 y	xy	x^2
1987	0	13.50	0	0
1988	1	13.72	13.72	1
1989	2	14.25	28.50	4
1980	3	14.47	43.41	9
1981	4	14.61	58.44	16
1992	5	15.05	75.25	25
1993	6	15.19	91.14	36
1994	7	15.46	108.22	49
1995	8	15.75	126.00	64
Σ	36	132.00	544.64	204

$$a=\frac{n\sum(x_i \cdot y_i)-\sum x_i \cdot \sum y_i}{n\sum x_i^2-(\sum x_i)^2}=\frac{9\times 544.68-36\times 132.00}{9\times 204-36\times 36}=\frac{4,902.12-4,752}{1,836-1,296}$$

$$=\frac{150.12}{540}=0.278$$

$$b = \frac{\sum x_i^2 \cdot \sum y_i - \sum x_i \cdot \sum(x_i \cdot y_i)}{n \sum x_i^2 - (\sum x_i)^2} = \frac{204 \times 132.00 - 36 \times 544.68}{9 \times 204 - 36 \times 36}$$

$$= \frac{26,928 - 19,608.48}{540} = \frac{7319.52}{540} = 13.555 \fallingdotseq 13.6$$

したがって，一般式は

$$y = 0.278x + 13.6 \tag{2-15}$$

を得る．ただし，この場合の y は万人単位，x は1987年を基準年 (0年) とする．

(3) **等比級数法** (年平均人口増加率をもととする方法)：本法は，相当長期間にわたって，同じ人口増加率を示してきた発展的な都市に適用される．発展が鈍化する傾向がみられると，推定人口を過大評価する恐れがある (図2-5)．

$$Y = Y_0(1+r)^X \tag{2-16}$$

ここに r：年平均人口増加率 $\left(\dfrac{Y_0}{Y_n}\right)^{\frac{1}{n}} - 1$

両辺の対数をとると

$$\log Y = \log Y_0 + X \log(1+r) \tag{2-17}$$

$$\quad\downarrow\qquad\quad\downarrow\qquad\ \downarrow\qquad\ \downarrow$$

$$\quad y\ =\ \ b\ \ +\ x\ \times\ \ a \tag{2-18}$$

と置換して最小自乗法の計算を行えばよい．なお，このとき，(2-18)式からわかるように，もし，実績値の関係が(2-16)式に合致していれば，X と $\log Y$ は直線関係になるはずである．

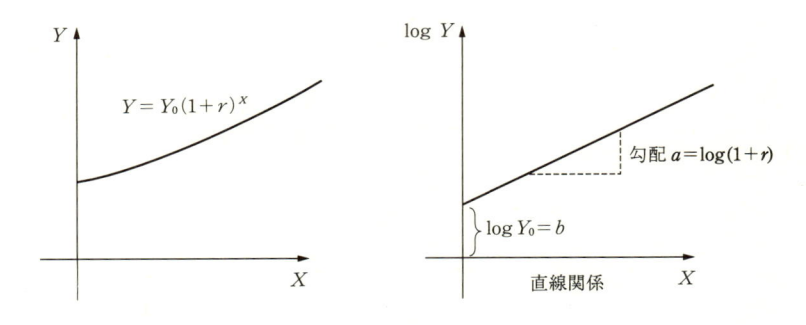

図2-5 等比級数法

9. 計画給水人口

(4) **修正指数曲線法**：比較的多くの都市に適用可能である（図2-6）。

$$Y = Y_0 + AB^X \qquad (2\text{-}19)$$

$$Y - Y_0 = AB^X \qquad (2\text{-}20)$$

両辺の対数をとる。

$$\log(Y - Y_0) = \log A + X \log B \qquad (2\text{-}21)$$

$$\begin{array}{ccccc} \downarrow & & \downarrow & \downarrow & \downarrow \\ y & = & b & + x \times & a \end{array} \qquad (2\text{-}22)$$

と置換して最小自乗法の計算を行えばよい。なお、このとき、(2-21)式からわかるように、もし、実績値の関係が(2-19)式に合致していれば、Xと$\log(Y-Y_0)$は直線関係になるはずである。

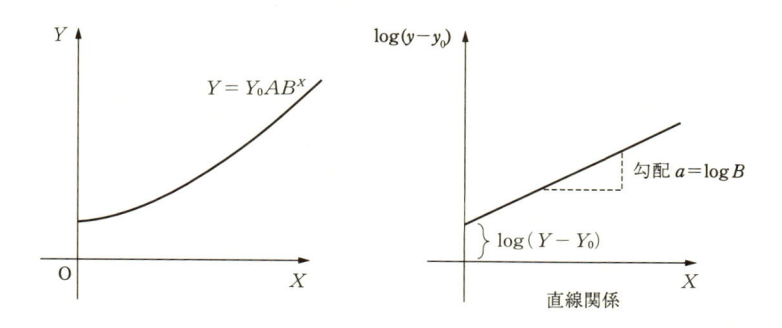

図2-6　修正指数曲線法

以下に、世界の人口の変化に関して修正指数曲線法を適用した例を示す（表2-4）。

表2-4 計 算 表（修正指数曲線法による）

年 x	X	人口億人 y	X^2	$y-y_0$	$Y=\log(y-y_0)$	$X \cdot Y$	計算人口	$y-y_0$	$\log(y-y_0)$
1900	0	16.1	0	0	—	—	16.1	0	
10	1	16.9	1	0.8	−0.0969	−0.0969	17.3	1.2	0.079
20	2	17.9	4	1.8	0.2553	0.5106	18.0	1.9	0.274
30	3	20.0	9	3.9	0.5911	1.7733	19.2	3.1	0.491
40	4	22.5	16	6.4	0.8062	3.2248	21.0	4.9	0.690
50	5	25.2	25	9.1	0.9590	4.9750	23.9	7.8	0.892
60	6	30.2	36	14.1	1.1492	6.8952	28.4	12.3	1.090
70	7	37.0	49	20.9	1.3201	9.2407	35.6	19.5	1.290
80	8	44.5	64	28.4	1.4533	11.6264	47.0	30.9	1.490
90	9	52.9	81	36.8	1.5658	14.0922	62.2	49.1	1.691
—	45	—	285	—	8.0041	52.0431	2000年 94.0	77.9	1.890

$y_0 = 16.1$億人

$y = y_0 + ab^x \qquad y - y_0 = ab^x$

$\log(y - y_0) = \log a + x \log b$

$$Y = B + X \cdot A$$

$$A = \log b = \frac{n\sum XY - \sum X \cdot \sum Y}{n\sum X^2 - \sum X \cdot \sum X} = \frac{9 \times 52.0431 - 45 \times 8.0041}{9 \times 285 - 45 \times 45} = \frac{108.2034}{540}$$

$$= 0.20038 = A = \log 1.586 \rightarrow b = 1.59$$

$$B = \log a = \frac{\sum X^2 \cdot \sum Y - \sum X \cdot \sum XY}{n\sum X^2 - \sum X \cdot \sum X} = \frac{285 \times 8.0041 - 45 \times 52.0431}{9 \times 285 - 45 \times 45}$$

$$= \frac{-60.771}{540} = -0.11254 = \log 0.7717 \rightarrow a = 0.772$$

よって，次式を得る．

$$y = y_0 + 0.772 \times 1.59^x$$

(5) **べき曲線法**：比較的多くの都市に適用可能である（図2-7）．

$$Y = Y_0 + AX^B \qquad (2\text{-}23)$$

$$Y - Y_0 = AX^B \qquad (2\text{-}24)$$

両辺の対数をとる。

$$\log(Y - Y_0) = \log A + B \log X \quad (2\text{-}25)$$

$$y \quad = \quad b \quad + a \times x \quad (2\text{-}26)$$

と置換して最小自乗法の計算を行えばよい。なお，このとき，(2-25)式からわかるように，もし，実績値の関係が(2-23)式に合致していれば，$\log X$ と $\log(Y - Y_0)$ は直線関係になるはずである。

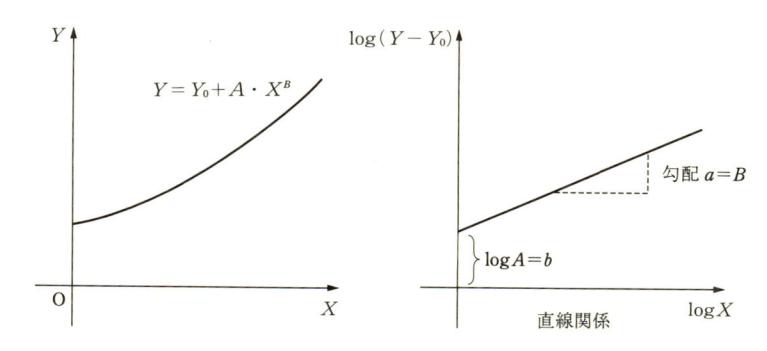

図2-7 べき曲線法

(6) **論理曲線法**(logistic curve method)：この方法は，都市または一定区域内の人口には限界（飽和状態）があるという考え方に基づくものであり，多くの都市に適用できる。自然界の生物増殖状況などを考える場合にも多く用いられている。ただし，飽和定数 K のとり方に難しさがある（図2-8）。

$$Y = \frac{K}{1 + e^{(B + A \cdot X)}} \quad (2\text{-}27)$$

$$\left(\frac{K}{Y} - 1\right) = e^{(B + A \cdot X)} \quad (2\text{-}28)$$

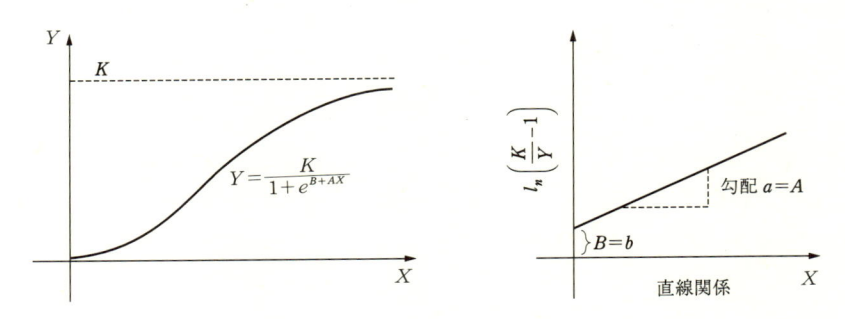

図2-8 論理曲線法

$$\ln\left(\frac{K}{Y}-1\right) = \underset{\downarrow}{B} + \underset{\downarrow}{A} \cdot X \quad (2\text{-}29)$$
$$\underset{y}{\downarrow} \quad = b + a \times X$$

例：次のような資料をもとに，95年および100年の将来人口を求めなさい。

　　この場合，何法の推定式を採用するのが最も適しているか？グラフから判断しなさい。

　　また，80年から90年の間の実験式にもとづいた人口を求めなさい。

資料

年	80	81	82	83	84	85	86	87	88	89	90
人口	495	611	705	1,012	1,515	2,506	3,502	3,990	4,341	4,405	4,503

注）観測データから傾向線を求め，将来値を予測するに当たっては次のような手順を経るとよい。
1) 実績値を普通方眼紙にプロット（点綴）する。
2) プロットの並びから傾向線（曲線型）を推定する。
　　　直線？　等比級数曲線？　指数曲線？　べき曲線？　論理曲線？
3) 傾向線（曲線型）に関して最小自乗法を適用して計算する。
4) 実績値と傾向線（曲線型）の対応状況を確認する。
　　場合によっては相関係数を求めておく。

10. 給水普及率，計画給水普及率

5）（適用）傾向線の妥当性の確認
　　・過去年次の実績値と計算値を図上でチェックする。
　　・方眼紙上でプロットと変換後の直線関係を比較する。
6）計算によって将来値を求めて妥当性をチェックする。

解答例

表2-5　計算表（論理曲線法）

人口の経年変化をグラフに描き，これより $K=5,000$ 人とすると

年	X	X^2	Pp 人口	$\dfrac{K}{Y}$	$\dfrac{K}{Y}-1$ pp	$\ln\left(\dfrac{K}{Y}-1\right)$ $\ln(-1)$	$X \cdot Y$		$-0.511X$		e	計算人口 Pc
80	0	0	495	10.10	9.10	2.208	0		0	2.543	12.718	364.5
81	1	1	611	8.18	7.18	1.971	1.971		−0.511	2.032	7.629	579.4
82	2	4	705	7.09	6.09	1.807	3.614		−1.022	1.521	4.577	896.5
83	3	9	1,012	4.94	3.94	1.371	4.113		−1.533	1.010	2.746	1,334.8
84	4	16	1,515	3.30	2.30	0.832	3.328		−2.044	0.499	1.647	1,888.9
85	5	25	2,506	1.995	0.995	−0.0050	−0.025		−2.555	−0.012	0.9881	2,515.1
86	6	36	3,502	1.428	0.428	−0.849	−5.094		−3.066	−0.523	0.5927	3,139.0
87	7	49	3,990	1.253	0.253	−1.374	−9.618		−3.577	−1.034	0.3556	3,688.
88	8	64	4,341	1.152	0.152	−1.884	−15.072		−4.088	−1.545	0.2133	4,121.
89	9	81	4,405	1.135	0.135	−2.002	−18.018		−4.599	−2.056	0.1280	4,433.
90	10	100	4,503	1.110	0.110	−2.207	−22.070		−5.11	−2.567	0.0768	4,643.
Σ	55	385				−0.132	−56.871					

$Y = a \cdot X + b$

$$a = \frac{n\sum XY - \sum X \cdot \sum Y}{n\sum X^2 - \sum X \cdot \sum X} = \frac{11(-56.871) - 55(-0.132)}{11 \times 385 - 55 \times 55} = \frac{-625.8 + 7.26}{4,235 - 3,025} = \frac{-618.321}{1,210} = -0.51101$$

$$b = \frac{\sum X^2 \cdot \sum Y - \sum X \cdot \sum XY}{n\sum X^2 - \sum X \cdot \sum X} = \frac{385(-0.132) - 55(-56.871)}{11 \times 385 - 55 \times 55} = \frac{-50.82 + 3127.9}{1,210} = \frac{3,077.09}{1,210} = 2.543$$

$$Pc = \frac{5,000}{1 + e^{-0.511X + 2.543}}$$

$$Pc95 = \frac{5,000}{1 + e^{-0.511 \times 15 + 2.543}} = \frac{5,000}{1 + e^{-5.122}} = \frac{5,000}{1 + 0.00596} = 4,970$$

$$Pc100 = \frac{5,000}{1 + e^{-0.511 \times 20 + 2.543}} = \frac{5,000}{1 + e^{-7.677}} = \frac{5,000}{1 + 0.00046} = 4,997.7 ≒ 4,998$$

10. 給水普及率，計画給水普及率

給水普及率は，家庭用井戸などの状況によって差が生じるが，公衆衛生の向上や生活環境改善の立場から，できるだけ高い水準を目標とすべきである。

給水普及率は，水道新設の場合は，性格の似た既設水道の実績を参考にし，

拡張の場合は過去の実績をもとにして定めなければならない。

　計画給水普及率を決定する場合，水道の社会的役割の重要性を考慮した上で事業体の目標，施設の整備内容等を十分検討し，できる限り高い水準の普及率を目標とするようにする。

　表2-6にわが国に置ける年度ごとの普及率の伸びを，表2-7には都道府県ごとの普及率を示す。

表2-6　現在給水人口と普及率の推移

（単位：千人）

区分＼年度	昭和45	50	55	60	平成2	7	9	10	11
総人口	103,720	112,279	116,680	121,005	123,557	125,424	126,200	126,489	126,755
現在給水人口	83,754	98,397	106,914	112,811	116,692	120,096	121,289	121,778	122,183
普及率（％）	80.8	87.6	91.5	93.3	94.7	95.8	96.1	96.3	96.4

（注）　総人口，現在給水人口とも厚生省調べ（3月31日現在）。ただし，45年度の総人口は総理府調べで10月1日現在。日本水道協会：水道統計要覧（平成11年度）

11.　計画給水量

　計画給水量は，水道施設の規模を決定するものであり，過去の用途別使用水量の実績値を分析した上，それぞれの用途の将来水量をできる限り合理的に推定し，これらの水量の総和をもとにして計画1日平均給水量および計画1日最大給水量を推定する。図2-9に計画給水量算定手順を示す。

11.1　水道需要用途別分類

　将来の水需要の予想に用いられる用途別分類としては，表2-8に示すようなものがある。

11.2　用途別用水の性格

生活用水：生活用水は生活水準の向上とともに，その使用量が増加する。これは，内風呂や水洗トイレの普及，電気洗濯機，水冷クーラー，皿洗機，ディスポーザー等の普及によるものと考えられる。季節による変動もあるが，一般家庭で生活用水として使用される水量は200〜220l/人・日程度である。

11. 計画給水量

表2-7 都道府県別の現在給水人口と普及率
（平成12年3月31日現在）
（単位：人）

都道府県名	総人口 (A)	給水人口 上水道	給水人口 簡易水道	給水人口 専用水道	給水人口 合計 (B)	普及率 B/A(%)
北　海　道	5,682,827	5,026,885	404,147	37,461	5,468,493	96.2
青　　　森	1,464,890	1,321,430	90,458	3,561	1,415,449	96.6
岩　　　手	1,412,924	1,074,376	184,997	9,206	1,268,579	89.8
宮　　　城	2,354,996	2,222,361	79,087	4,149	2,305,597	97.9
秋　　　田	1,189,262	772,979	262,639	3,623	1,039,241	87.4
山　　　形	1,245,444	1,121,979	76,729	2,770	1,201,478	96.5
福　　　島	2,129,537	1,724,987	188,763	4,319	1,918,069	90.1
茨　　　城	2,994,475	2,476,958	102,921	22,962	2,602,841	86.9
栃　　　木	2,000,497	1,706,033	106,876	21,109	1,834,018	91.7
群　　　馬	2,027,631	1,865,483	142,088	3,965	2,011,536	99.2
埼　　　玉	6,932,223	6,853,206	30,188	11,063	6,894,457	99.5
千　　　葉	5,922,474	5,377,241	3,583	79,253	5,460,077	92.2
東　　　京	11,949,122	11,871,988	20,931	54,747	11,947,666	100.0
神　奈　川	8,441,464	8,393,660	21,771	8,266	8,423,697	99.8
新　　　潟	2,475,670	2,205,906	210,785	2,864	2,419,555	97.7
富　　　山	1,123,240	963,463	65,141	2,619	1,031,223	91.8
石　　　川	1,181,030	1,089,343	62,155	1,027	1,152,525	97.6
福　　　井	828,189	678,915	105,236	605	784,756	94.8
山　　　梨	899,164	639,203	229,837	5,319	874,359	97.2
長　　　野	2,215,163	1,920,146	259,504	3,160	2,182,810	98.5
岐　　　阜	2,119,492	1,712,091	271,341	9,951	1,993,383	94.1
静　　　岡	3,770,451	3,507,905	151,900	37,872	3,697,677	98.1
愛　　　知	7,022,524	6,895,843	89,891	18,714	7,004,448	99.7
三　　　重	1,857,376	1,700,050	124,101	8,819	1,832,970	98.7
滋　　　賀	1,347,801	1,237,298	86,958	11,723	1,335,979	99.1
京　　　都	2,631,317	2,425,868	179,594	3,559	2,609,021	99.2
大　　　阪	8,822,396	8,781,006	19,756	9,613	8,810,375	99.9
兵　　　庫	5,492,112	5,247,674	219,257	2,628	5,469,559	99.6
奈　　　良	1,447,268	1,356,650	60,412	885	1,417,947	98.0
和　歌　山	1,091,260	936,282	107,198	3,068	1,046,548	95.9
鳥　　　取	621,330	469,686	121,374	5,694	596,754	96.0
島　　　根	763,699	528,070	188,048	690	716,808	93.9
岡　　　山	1,953,325	1,755,784	140,050	1,153	1,896,987	97.1
広　　　島	2,902,792	2,519,129	110,128	19,454	2,648,711	91.2
山　　　口	1,530,048	1,247,496	135,758	7,242	1,390,496	90.9
徳　　　島	827,052	673,962	78,738	12,059	764,759	92.5
香　　　川	1,027,012	980,340	29,942	1,049	1,011,331	98.5
愛　　　媛	1,511,855	1,197,975	166,078	24,212	1,388,265	91.8
高　　　知	807,818	541,380	179,060	5,112	725,552	89.8
福　　　岡	4,999,834	4,403,770	70,214	62,948	4,536,932	90.7
佐　　　賀	886,242	740,808	77,256	4,086	822,150	92.8
長　　　崎	1,516,187	1,133,789	338,580	9,297	1,481,666	97.7
熊　　　本	1,859,930	1,277,238	232,401	31,363	1,541,002	82.9
大　　　分	1,221,557	903,218	154,096	21,500	1,078,814	88.3
宮　　　崎	1,167,764	997,643	116,934	4,144	1,118,721	95.8
鹿　児　島	1,770,786	1,257,874	406,248	32,097	1,696,219	95.8
沖　　　縄	1,315,537	1,265,491	48,764	0	1,314,255	99.9
合　　　計	126,754,987	115,000,862	6,551,913	630,980	122,183,755	96.4
平成10年度	126,488,531	114,477,442	6,646,899	652,750	121,777,091	96.3

厚生労働省健康局水道課調べ　　　　　日本水道協会：水道統計要覧（平成11年度）

第2章 基本計画

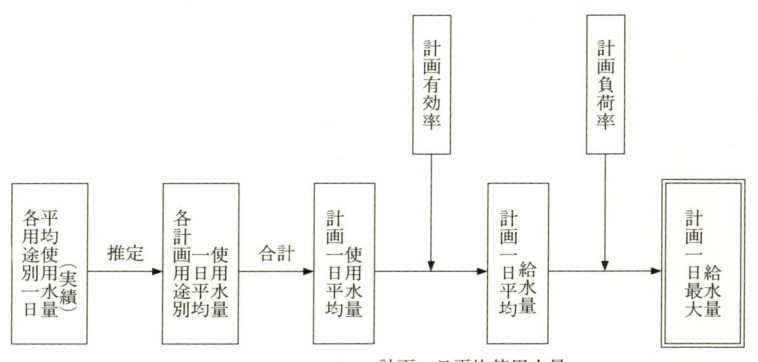

```
┌──────────┐      ┌──────────┐      ┌──────────┐   計画   ┌──────────┐   計画   ┌──────────┐
│各平均用途 │      │各計画一日│      │計画一日  │  有効率  │計画一日  │  負荷率  │計画一日  │
│別使用水量│ 推定 │使用用途別│ 合計 │使用平均  │────────→│給水平均  │────────→│給水最大  │
│(実績)    │─────→│平均水量  │─────→│水量      │         │量        │         │量        │
└──────────┘      └──────────┘      └──────────┘          └──────────┘          └──────────┘
```

$$計画一日平均給水量 = \frac{計画一日平均使用水量}{計画有効率}$$

$$計画一日最大給水量 = \frac{計画一日平均給水量}{計画負荷率}$$

日本水道協会：水道施設設計指針2000

図 2-9　計画給水量算定手順

表 2-8　用途別標準分類表

大分類	中分類	小分類	摘　　　　要
生活用水	一般家庭用	家事用	家事専用（一般住宅，共同住宅，共用栓）のもの
		家事兼営業用	家事専用のほか一般商店等営業用を兼ねるもの（店舗付き住宅等）
業務・営業用水	官公署用	官公署用	学校，病院，工場を除く国，地方公共団体等の機関
		公衆用	公衆便所，公衆水飲む栓，噴水等
		その他	官公署以外の非営利的施設で他の用途分類に属さないもの
	学校用	学校用	学校，幼稚園，各種専門学校等
	病院	病院	病院，産院，診療所等
	事務所用	事務所用	会社，その他法人，団体，個人の事務に使用されるもの
	営業用	営業用	ホテル，旅館，デパート，スーパー，一般営業用で住居を別にするもの キャバレー，料亭等の特殊飲食店，料理飲食店，軽飲食店 結婚式場，サウナ，バス，タクシー会社の洗車用等 劇場，娯楽場等
		公衆浴場用	
工場用水	工場用	工場用	
その他	その他	その他	船舶給水，他水道への分水等
			水道事業用水，水道メータ不感水量等

日本水道協会：水道施設設計指針2000版

11. 計画給水量

業務・営業・工業用水：都市の産業構造や規模によって，業務用水，営業用水，工業用水の需要量が異なる。商業活動の盛んな都市では，業務・営業用水の使用量が大きく，生産活動が盛んであれば工業用水の使用量が大きくなる。また，地域内や事業所内での水の循環再利用の程度や経済事情の変動等により需要量が大きく変化する。営業用水・工業用水等の将来予測に当たっては十分な実態調査を行い，給水実績を詳細に検討した上で，同じような性格・規模を有する他都市の状況を参考にして決定する。

その他：その他の用水としては，船舶，他水道への分水，水道事業用水，漏水等がある。漏水は施設の新旧，施行，維持管理などにより異なるが，全給水量に対し10～30％を占める。

用途別給水量の実績を表2-9に示す。

表2-9 上水道事業における用途別有収水量

用途	年間有収水量 (千 m³)	給水契約数 (件)	1件1カ月当たりの給水量 (m³)
家庭用（一般）	4,009,782	16,276,057	20.5
〃 （集合）	407,167	620,001	54.7
営 業 用	1,001,074	1,210,032	68.9
工 場 用	277,258	96,148	240.3
官公署・学校用	294,101	152,339	160.9
公 衆 浴 場 用	26,241	3,648	599.4
船 舶 用	3,485	1,548	187.6
そ の 他	55,748	125,376	37.1
小 計	6,074,856	18,485,149	27.4
共 用 栓	2,590	8,487	25.4
公 共 栓	5,283	20,299	21.7
合 計	6,082,729	18,513,935	27.4
メーター設置数	—	17,193,665	—

(注) 集計事業数1,105カ所

日本水道協会：水道統計要覧（平成11年度）

11.3　3大規模水道事業

我国における規模の大きな上水道事業の一覧を表2-10に示す。表2-11に規模の大きな水道用水供給事業を示す。

表2-10　規模の大きな上水道事業

(平成12.3.31現在)

事業体名	目標年次(年)	計画1日最大給水量(千m³/日)	事業体名	目標年次(年)	計画1日最大給水量(千m³/日)	事業体名	目標年次(年)	計画1日最大給水量(千m³/日)
東京都	平成17	6,300	広島市	平成24	811	金沢市	平成20	360
大阪市	〃17	2,430	北九州市	〃27	769	横須賀市	〃11	346
横浜市	〃9	1,780	仙台市	〃22	767	倉敷市	〃7	322
神奈川県	〃12	1,530	福岡市	〃11	748	宇都宮市	〃19	320
千葉県	〃22	1,440	埼玉県南㈱	〃20	500	浜松市	〃5	320
名古屋市	〃1	1,423	堺市	〃2	455	姫路市	〃17	320
京都市	〃32	1,050	岡山市	〃22	411	宇都宮市	〃33	310
川崎市	〃14	1,026	尼崎市	〃20	384			
神戸市	〃23	901	熊本市	〃21	368			
札幌市	〃7	887	新潟市	〃17	360			

(計画1日最大給水量　30万m³/日以上)　　　　　　日本水道協会：水道統計要覧（平成11年度）

表2-11　規模の大きな水道用水供給事業

(平成12.3.31現在)

事業体名	目標年次(年)	計画1日最大給水量(千m³/日)	事業体名	目標年次(年)	計画1日最大給水量(千m³/日)
埼玉県	平成12	2,905	三重県（北中勢）	〃22	344
大阪府	〃15	2,650	大井川広域水道企業団	平成25	321
愛知県	〃22	2,250	香川県	〃22	309
神奈川県内広域水道企業団	〃17	2,032	茨城県（県南）	〃15	306
阪神水道企業団	〃17	1,290	静岡県（遠州）	〃20	306
兵庫県	〃27	751	福岡地区水道企業団	〃22	268
沖縄県	〃30	657	茨城県（県中央）	〃18	240
宮城県（仙南・仙塩）	〃22	553	広島県（広島）	〃20	240
北千葉広域水道企業団	〃12	534	京都府	〃12	237
奈良県	〃15	500	君津広域水道企業団	〃30	235
石川県	〃32	440	石狩西部広域水道企業団	〃27	226

(計画1日最大給水量　20万m³/日以上)　　　　　　日本水道協会：水道統計要覧（平成11年度）

11.4　給水量原単位

　1日平均給水量：1日平均給水量は，1年間に給水された総水量を年間総日数で除したものである。1日平均給水量を給水人口で除したものを1人1日平均給水量という。

11. 計画給水量

表2-12 事業の推移（郡山市）

年度 区分	6	7	8	9	10	11
行政区域内人口（人）	323,501	325,701	327,965	329,253	331,127	332,694
給水人口（人）	300,532	302,573	305,073	306,386	308,528	310,573
普及率（％）	92.9	92.9	93.0	93.1	93.2	93.4
行政区域内世帯数（世帯）	107,874	110,534	112,751	114,285	116,099	117,722
給水戸数（戸）	98,277	100,276	102,540	104,207	106,230	108,023
給水能力（m³/日）	156,000	156,000	156,000	177,000	177,000	177,000
年間総給水量（m³）	43,368,140	43,541,400	43,979,270	43,811,240	44,127,950	43,895,020
1日最大給水量（m³）	145,260	143,130	141,270	136,780	139,700	139,480
1日平均給水量（m³）	118,817	118,966	120,491	120,031	120,898	119,932
1人1日最大給水量（l）	483	473	463	446	453	449
1人1日平均給水量（l）	395	393	395	392	392	386
年間総有収水量（m³）	38,284,736	37,512,328	38,149,126	38,329,898	37,969,595	38,147,596
有収率（％）	88.3	86.2	86.7	87.5	86.0	86.9
職員数（人）	183	180	176	176	174	170
損益勘定所属職員（人）	164	162	159	159	157	154
資本勘定所属職員（人）	19	18	17	17	17	16

郡山市：平成11年度水道事業年報

1日最大給水量：1日最大級水量は1年間のうちで最大の使用水量があった日の総給水量をいう。1日最大給水人口で除したものを1人1日最大給水量という。

時間最大給水量：1日のうち時間当りの給水量が最大であるときの1時間当りの給水量をいう。

表2-12に郡山市の水道事業の推移を示す。また，表2-13に郡山市の大口使用者調を示す。

11.5 計画給水量原単位

計画1日平均給水量：計画年次における1日平均給水量の予測値を計画1日平均給水量といい，薬品・電力などの使用量，維持管理費の算定など財政計画や貯水施設の容量算定の基礎水量となる。

第2章 基本計画

表2-13 大口使用者の例（郡山市）

（単位：m³）

区分 順位	事業所名	口径(mm)	使用水量 年間	1カ月	1日平均
1	日本大学工学部	150	277,348	23,112	758
2	松下電工㈱郡山工場	75	236,915	19,743	647
3	㈱ライフフーズ	75	217,645	18,137	595
4	日本化学工業㈱福島工場	100	195,287	16,274	534
5	日本電産コパル㈱郡山技術開発センター	150	148,968	12,414	407
6	陸上自衛隊郡山駐屯部隊	150	135,448	11,287	370
7	ホテル華の湯	75	126,589	10,549	346
8	日東紡績㈱富久山事業センター	100	117,524	9,794	321
9	㈱ホテルはまつ	100	111,646	9,304	305
10	日本パーオキサイド㈱郡山工場	75	107,886	8,991	295
11	太田西ノ内病院	100	102,839	8,570	281
12	㈱元井鍍金工場	50	90,399	7,533	247
13	㈱柏屋	50	83,384	6,949	228
14	JR東日本鉄道㈱郡山駅	150	82,018	6,835	224
15	ジャスコ㈱郡山フェスタ店	100	81,540	6,795	223
16	南東北脳神経外科医院	50	81,280	6,773	222
17	メルフ郡山管理組合	75	81,181	6,765	222
18	㈱日立テレコムテクノロジー	100	79,930	6,661	218
19	㈶太田総合病院付属熱海総合病院	100	77,218	6,435	211
20	JR東日本旅客鉄道㈱郡山工場	150	77,173	6,431	211

郡山市：平成11年度水道事業年報

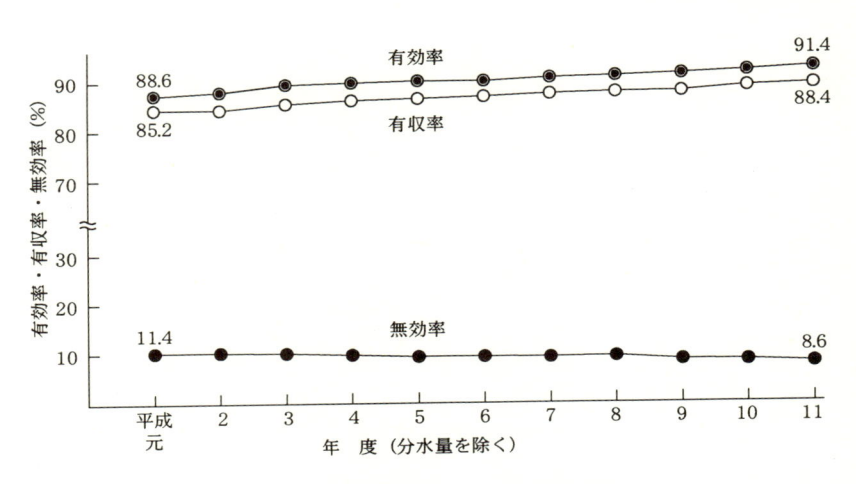

図2-10 上水道事業の有効率，有収率及び無効率の推移
日本水道協会：水道統計要覧（平成11年度）

11. 計画給水量

　有効率は給水された水量（配水量）のうち，有効に使用された水量の割合であり，配水コントロールや配水系統の状況，直結給水範囲，老朽施設の状況にもよる。

　計画有効率は今後の漏水防止計画，給・配水管整備計画などを反映させ，できるだけ高く設定する。図2-10に上水道事業の有効率，有収率および無効率の推移を示す。

$$計画1日平均給水量 = \frac{計画1日平均使用水量}{計画有効率} \qquad (2\text{-}30)$$

計画1日最大給水量：取水・送水・浄水・導水各施設の設計を行う基礎となるものであるとともに，上水道の供給能力を示すものである。計画年次における計画1日最大給水量は，計画1日平均給水量を計画率で除して求める。

　負荷率は給水量の変動を示すものであり，1日最大給水量に対する1日平均給水量の割合である。都市の規模の大きいほど変動は小さく負荷率は高くなり，規模が小さいほど変動は大きく負荷率は低い値となる。図2-11に上水道事業の規模別負荷率の推移を示す。

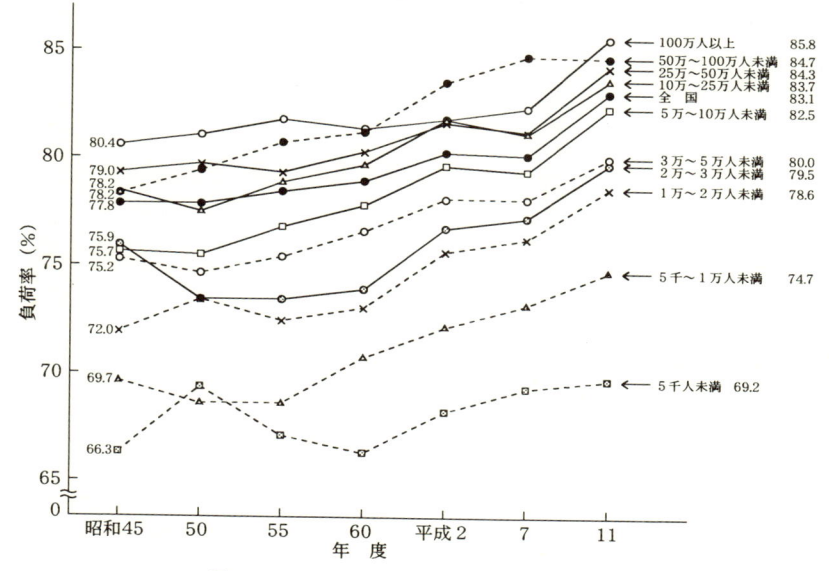

図2-11　上水道事業の規模別負荷率の推移

日本水道協会：水道統計要覧（平成11年度）

$$\text{計画1日最大給水量} = \frac{\text{計画1日平均給水量}}{\text{計画負荷率}} \qquad (2\text{-}31)$$

$$\text{計画1人1日平均給水量} = \frac{\text{計画1人1日平均使用水量}}{\text{計画有効率}} \qquad (2\text{-}32)$$

$$\text{計画1人1日最大給水量} = \frac{\text{計画1人1日平均給水量}}{\text{計画負荷率}} \qquad (2\text{-}33)$$

計画1日平均給水量＝計画1人1日平均給水量×計画給水人口　　（2-34）

計画1日最大給水量＝計画1人1日最大給水量×計画給水人口　　（2-35）

計画時間最大給水量：計画時間最大給水量は計画年次における計画1日最大給水量が現れる日の時間最大給水量を計算上推定するものである。配水池や配水管など配水施設の設計に用いられる。

$$\text{計画時間最大給水量} = K \times \frac{\text{計画1日最大給水量}}{24} \qquad (2\text{-}36)$$

K：時間係数

$$K = 2.89 \left(\frac{Q}{24}\right)^{-0.076} \qquad (2\text{-}37)$$

Q：計画1日最大給水量　　　　　　　　m³/日

6）　各種水量などの定義

計画浄水量：計画1日最大給水量を基準とし，作業用水と雑用水，損失水量を併せた水量。

作業用水：浄水場において，沈殿池の排泥，濾過砂の洗浄，洗砂排水，薬品の溶解，塩素注入用水，機器冷却水，清掃用水等に使用される水。

配水量（＝給水量）：配水池などから配水管に送り出された水量。

有効水量：配水量のうち，給水装置のメーターで計量された水量もしくは需要者に到達したものと認められる水量ならびに自家用水量。

有収水量：料金徴収の対象となった水量（調定水量）をいう。

無効水量：配水量のうち漏水，その他損失とみられる水量。

無収水量：配水量のうち料金徴収の対象とならなかった水量。

不感水量：水道メーターに現れた通常水量が真実の通過量に対して不足する

水量。

有効無収水量：料金不徴収となるメーター計量水量－料金徴収の対象にならないと認定された水量ならびにメーターを通過し，計量されなかった水量。

有収率：有収水量÷配水量

漏水率：漏水量÷配水量

以上の関係を図示すると，図2-12のようになる。

配水量 (給水量)	有効水量	有収水量	料 金 水 量	(1)料金徴収の基礎となった水量 (2)定額栓およびその認定水量
			分 水 量	他の水道に対して分水した水量
			そ の 他	(1)公園用水量 (2)公衆便所用水量 (3)消防用水量 (4)その他 (他会計から維持管理費等として収入のある水量)
		無収水量	メータ不感水量	有効に使用された水量のうち，メータ不感のための料金徴収の対象とはならない水量
			局中業用水量	管洗浄用水，漏水防止作業用水等配水施設に係わる局内事業に使用した水量
			そ の 他	(1)公園用水量 (2)公衆便所用水量 (3)消防用水量 (4)その他 (料金その他の収入が全くない水量)
	無効水量		調定減額水量	赤水等のため，料金徴収の際の調定により減額の対象となった早量
			漏 水 量	(1)配水本管漏水量 (2)配水支管漏水量 (3)メータ上流給水管からの漏水量
			そ の 他	他に起因する水道施設の損傷等により無効となった水量および不明水量

図2-12 給水量・有効水量・無効水量

日本水道協会，水道のあらまし，平成5年

12. 計画給水量の考え方の手順例

(1) 基本項目の決定

1）対象都市
　　2）計画策定完了の年度
　　3）計画年次
　(2) 過去10年間程度の基礎資料の収集・整理
　　1）行政区域内人口
　　2）給水実績
　　3）用途別内訳
　　4）下水道，浄化槽普及率
　　5）世帯人員別世帯数，世帯人員
　　6）業務・営業用・工場用地下水利用実績
　(3) 計画給水人口，有収率，負荷率等の推定表作成
　　1）計画目標年次
　　2）行政区域内人口の推定
　　3）計画給水区域の決定
　　4）給水普及率の推定
　　5）計画給水人口の決定
　　6）有収率，負荷率の推定
　　7）水洗便所普及率の推定
　(4) 生活用水量の推定表の作成
　　1）一般家庭用水量
　　2）浴場営業用使用水量
　(5) 業務・営業用使用水量の推定
　(6) 工場用使用水量の推定
　(7) その他使用水量の推定
　(8) 計画給水量推定表の作成

13. 基本計画策定例

(1) 対象「市町村」の概要説明（必要地図添付）
　1）社会的条件

13. 基本計画策定例

地理的位置，周辺状況との関連，現状人口，産業状況
当該市町村の歴史的背景，発達状況，近年の状況
人口移動（季節的，日常的）
2）自然的，地理的条件
当該市町村の地理的背景－山，川，平野
季節的自然条件－降水量，気温，
水源状況－河川，流量，ダム，水利権

(2) **水道事業の概要**

1）沿革
創設年次当初－水源，目標年次，計画給水区域，計画給水人口，計画給水量
変更年次当初－水源，目標年次，計画給水区域，計画給水人口，計画給水量
2）給水の現況
○○年度末現在の－水源，給水区域，給水人口，給水量実績等
3）施設概要
  (1) 水源－河川水，ダム水，地下水，湧水
      既得水利権量
  (2) 取水・導水施設
  (3) 浄水施設
      施設状況の説明，
  (4) 送水・配水施設
      配水池容量
      送水管・配水管延長

(3) **現状の課題**

当該市町村の産業構造の変化，生活形態の変化，人口の変化，関連して水道規の変化状況，水道施設の変化と対応の必要性
水源の状況変化，地震，非常時対策の必要性

(4) **（基本計画）基本方針**

1）給水対象区域の拡大
2）広域計画との関連

3）給水サービス水準（の目標）
  (1) 安定な給水確保－将来需要不足分の水源確保，施設拡充
  (2) 老朽管の更新
  (3) 異臭味水の解消－高度浄水施設の導入
  (4) 配水・給水能力の充実
4）異常時対応
  (1) 水質事故等の異常時の給水確保－浄水場間の送水管連結バックアップ配水池容量の増大
  (2) 耐震対策－導水管，送水管，配水管の耐震化，配水施設の充実
5）維持管理
  (1) 配水系統の再編成－水圧・水量管理の向上
  (2) 管理設備の整備－浄水場管理，水運用管理の合理化
6）経営管理
  事業経営の改善，施設整備の推進

(5) **基本計画**
1）計画給水区域の設定
2）計画年次
3）計画給水人口
4）計画給水量：用途別推計法により，計画1日最大給水量を○○○/m³

(6) **整備内容の決定**
現有施設の評価，施設全体バランス，財政計画，整備内容の優先順位の検討と工程の決定
1）拡張に関する計画……事業費
  (1) 給水区域の拡張－配水管・送水管の新設
  (2) 配水場の新設
  (3) 浄水場の能力充実
  (4) 新規水源開発
2）浄水施設整備に関する計画……事業費
  (1) 高度浄水処理の導入

13. 基本計画策定例

  (2) 浄水場管理設備の改良

3) 配水施設整備に関する計画……事業費

  (1) 老朽管の更新

   a. 石綿セメント管をダクタイル鋳鉄管に更新など

  (2) 直結給水範囲の拡大

  (3) 配水池容量の増強

  (4) 送水管の相互連絡

  (5) 配水系統の再編成

4) テレメータ・テレコントロールシステムの整備計画

5) 施設耐震化に関する計画……事業費

  (1) 導水管の耐震化

  (2) 配水管の耐震化

第3章 水　質

1.　あらまし

　市民生活の「水」が水道に依存する割合が大きくなるほど，すなわち，上水道の普及率が高くなるほど，市民生活を支える水道の重要性は高くなる。ことに日常の生活用水は，飲用や炊事などに使用されることから，上水道によって供給される水の「水質」は，水量，水圧とともに水道の三要素といわれ，きわめて重要である。

　一般に，上水道の水源として利用される河川水，湖沼水，地下水，天水等は，その履歴にもよるが，種々のガス体や無機物，有機物さらに雑多な夾雑物を含んでいる。

　これらの水中の各種の物質の種類や量は，その水の水質試験を行うことによって知り得るものであって，この結果を広い角度から検討して，水の履歴や状態を知り，水源としての適否や浄水プロセスの検討，さらに飲用その他の需要に応じることの可否を判断する。

　家庭用水，営業用水：人の健康を維持できること。病原菌その他の有害物を含まないこと，外観が良好なこと。

　工業用水：一般に軟水で有機物の少ないこと。

　消火用水，雑用水：水量・水圧が必要となる。水質はあまり問われない。

2.　水道水としての水質

2.1　水質基準

　水道により供給される水は，大前提として飲用に適するものである。

　水質基準：水道によって供給される水が具備しなければならない水質上の要件を，水道法第4条およびこれに基づく水質基準に関する省令によって定められている。

2. 水道水としての水質

基本的には，水道法（第4条）により，次のような要件を備えるものでなければならないとされている。

1) 病原生物に汚染され，または病原生物に汚染されたことを疑わせるような生物もしくは物質を含むものでないこと。
2) シアン，水銀その他の有害物質を含むものでないこと。
3) 銅，鉄，ふっ素，フェノールその他の物質を，その許容量を越えて含まないこと。
4) 異常な酸性またはアルカリ性を呈しないこと。
5) 異常な臭味がないこと。ただし，消毒による臭味を除く。
6) 外観は，ほとんど無色透明であること。

これら各号の基準に関して，具体的に必要な事項を定めたのが，厚生省令で定める水質基準である。

今日，水道水を取り巻く環境は大きく変化してきている。閉鎖性水域では，富栄養化が進行したり，各種化学物質が公共用水域で微量ながらも検出されるような事態も生じることもある。公衆衛生の向上と生活環境の保全を目的としている水道は，安全でおいしい水を供給するために，的確に対応することが大切である。このため，平成4年12月，従来の26の水質基準項目を46項目に充実した厚生省令の改正が行われた。同時に，この厚生省令を補完するものとして，快適水質項目（13項目）と監視項目（26項目）が新たに厚生省通知により設定されている。図3-1に水質基準見直しの経緯を，図3-2に水道水質に関する基準の概要を示す。

2.2 基準項目

(1) 健康に関連する項目：1の項目から29の項目（表3-1）
　　生涯にわたる連続的な摂取をしても人の健康に影響が生じない水準を基とし安全性を十分考慮して基準を設定。

(2) 水道水が有すべき性状に関する項目：30の項目から46の項目まで17項目（表3-2）。水道水としての生活利用上あるいは水道施設の管理上障害の生じるおそれのない水準で，それぞれ次の要件から基準を設定した。
　　　色の要件——亜鉛，鉄，銅，マンガン

第3章 水質

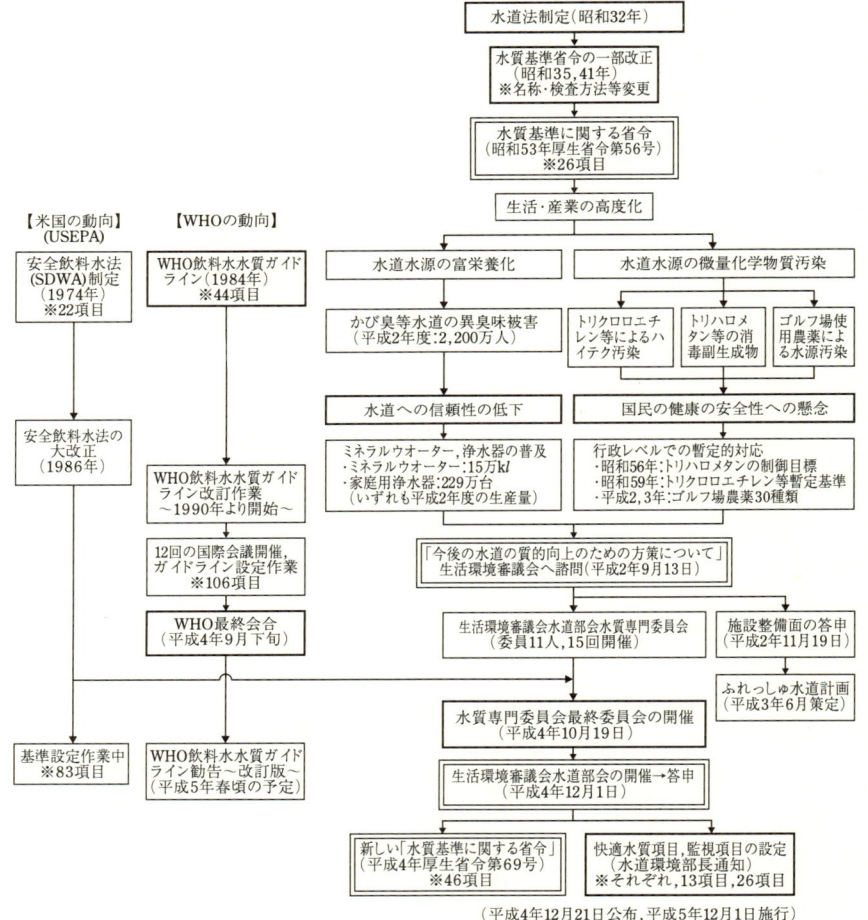

```
                                    水道法制定(昭和32年)
                                          ↓
                                  水質基準省令の一部改正
                                    (昭和35,41年)
                                  ※名称・検査方法等変更
                                          ↓
                                  水質基準に関する省令
                                  (昭和53年厚生省令第56号)
                                       ※26項目
                                          ↓
                                    生活・産業の高度化
                                          ↓
                          ┌───────────────────┴───────────────────┐
                    水道水源の富栄養化                     水道水源の微量化学物質汚染
                          ↓                                       ↓
                  かび臭等水道の異臭味被害           ┌──────────┬──────────┬──────────┐
                  (平成2年度:2,200万人)         トリクロロエチ  トリハロメ   ゴルフ場使
                                              レン等によるハイ  タン等の消   用農薬によ
                                              テク汚染        毒副生成物    る水源汚染
```

【米国の動向】　【WHOの動向】
(USEPA)

- 安全飲料水法 (SDWA)制定 (1974年) ※22項目
- WHO飲料水水質ガイドライン(1984年) ※44項目

- 水道への信頼性の低下
  - ミネラルウオーター、浄水器の普及
  - ミネラルウオーター:15万kℓ
  - 家庭用浄水器:229万台
  - (いずれも平成2年度の生産量)

- 国民の健康の安全性への懸念
  - 行政レベルでの暫定的対応
  - 昭和56年:トリハロメタンの制御目標
  - 昭和59年:トリクロロエチレン等暫定基準
  - 平成2,3年:ゴルフ場農薬30種類

- 安全飲料水法の大改正 (1986年)
- WHO飲料水水質ガイドライン改訂作業 ～1990年より開始～
- 12回の国際会議開催、ガイドライン設定作業 ※106項目
- WHO最終会合 (平成4年9月下旬)

- 「今後の水道の質的向上のための方策について」生活環境審議会へ諮問(平成2年9月13日)
- 生活環境審議会水道部会水質専門委員会 (委員11人、15回開催)
- 施設整備面の答申 (平成2年11月19日)
- ふれっしゅ水道計画 (平成3年6月策定)
- 水質専門委員会最終委員会の開催 (平成4年10月19日)
- 生活環境審議会水道部会の開催→答申 (平成4年12月1日)

- 基準設定作業中 ※83項目
- WHO飲料水水質ガイドライン勧告~改訂版~ (平成5年春頃の予定)

- 新しい「水質基準に関する省令」(平成4年厚生省令第69号) ※46項目
- 快適水質項目、監視項目の設定 (水道環境部長通知) ※それぞれ、13項目、26項目

(平成4年12月21日公布、平成5年12月1日施行)

図3-1　水質基準見直しの経緯

浜田：水道協会雑誌702号（平成5年3月）

においの要件──1,1,1-トリクロロエタン，フェノール類

味覚の要件──ナトリウム，塩素イオン，カルシウム，マグネシウム等（硬度），蒸発残留物，有機物等（過マンガン酸カリウム消費量）

発泡の要件──陰イオン活性剤

3. 水質項目

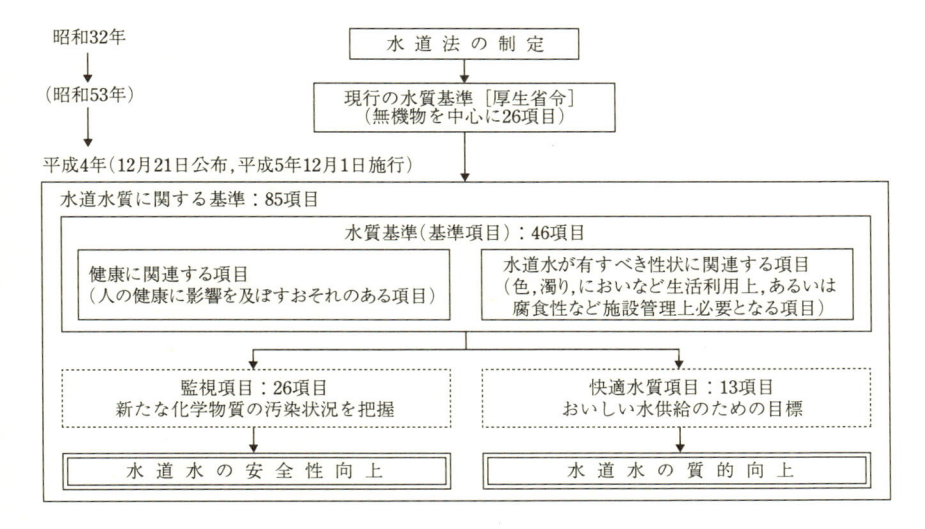

```
昭和32年          ┌──────────────────┐
  ↓              │  水 道 法 の 制 定  │
(昭和53年)        └────────┬─────────┘
                           ↓
                 ┌──────────────────────┐
                 │ 現行の水質基準[厚生省令] │
                 │ (無機物を中心に26項目)  │
                 └──────────┬───────────┘
平成4年(12月21日公布,平成5年12月1日施行)│
┌────────────────────────────────────────────────────────┐
│ 水道水質に関する基準:85項目                  ↓              │
│         ┌───────────────────────────────┐              │
│         │    水質基準(基準項目):46項目     │              │
│         └───────────────────────────────┘              │
│  ┌─────────────────────┐  ┌──────────────────────────┐ │
│  │ 健康に関連する項目      │  │ 水道水が有すべき性状に関連する項目 │ │
│  │ (人の健康に影響を及ぼす │  │ (色,濁り,においなど生活利用上,あるいは │
│  │  おそれのある項目)      │  │  腐食性など施設管理上必要となる項目) │ │
│  └──────────┬──────────┘  └────────────┬─────────────┘ │
│             ↓                          ↓               │
│  ┌─────────────────────┐  ┌──────────────────────────┐ │
│  │ 監視項目:26項目         │  │ 快適水質項目:13項目         │ │
│  │ 新たな化学物質の汚染状況│  │ おいしい水供給のための目標   │ │
│  │ を把握                │  │                          │ │
│  └─────────────────────┘  └──────────────────────────┘ │
│  ┌─────────────────────┐  ┌──────────────────────────┐ │
│  │  水 道 水 の 安 全 性 向 上 │  │  水 道 水 の 質 的 向 上       │ │
│  └─────────────────────┘  └──────────────────────────┘ │
└────────────────────────────────────────────────────────┘
```

図3-2　水道水質基準の概要(あり方)

　　　　基礎的性状－pH値,味,臭気,色度,濁度
(3)　水質基準を補完する項目
　　a．快適水質項目(13項目表3-3):より質の高い水道水の供給,おいしい水など質の高い水道水の供給－国民のニーズの高度化に応える
　　b．監視項目(26項目):将来にわたり安全性の確保に万全を期する(表3-4)。水道事業者において水質基準に係る検査に準じて,体系的・組織的監視により水質管理に活用する。

3.　水質項目

3.1　温度 —— 水温,気温

　水温は,水の密度,粘度,種々の物質の溶解度,水中での化学反応速度,水性生物の活性などに影響する。浄水操作上,低水温時には凝集沈澱の効率が低下する。地表水は気温の影響を直接受けるが,地下水は気温の影響を受けることが比較的少ない。湖沼などの停滞水域での温度分布は微生物・水質状況に影響する。また,水温は凝集沈澱,除鉄,除マンガン処理効果に影響する。

第3章 水 質

表 3-1 水 質 基 準（基準項目）

◎健康に関連する項目（29項目）

	項　目　名	現行基準	新基準	備　考
1	一般細菌	1 ml の検水で形成される集落数が100以下であること	1 ml の検水で形成される集落数が100以下であること	病原生物
2	大腸菌群	検出されないこと	検出されないこと	
3	カドミウム	0.01mg/l 以下	0.01mg/l 以下	重金属
4	水銀	検出されないこと（定量限界0.005mg/l）	0.0005mg/l 以下	
5	セレン	(0.01mg/l 以下)	0.01mg/l 以下	
6	鉛	0.1mg/l 以下	0.05mg/l 以下	
7	ヒ素	0.05mg/l 以下	0.01mg/l 以下	
8	六価クロム	0.05mg/l 以下	0.05mg/l 以下	
9	シアン	検出されないこと（定量限界0.01mg/l）	0.01mg/l 以下	無機物質
10	硝酸性窒素および亜硝酸性窒素	10mg/l 以下	10mg/l 以下	
11	フッ素	0.8mg/l 以下	0.8mg/l 以下	
12	四塩化炭素	—	0.002mg/l 以下	一般有機化学物質
13	1,2-ジクロロエタン	—	0.004mg/l 以下	
14	1,1-ジクロロエチレン	—	0.02mg/l 以下	
15	ジクロロメタン	—	0.02mg/l 以下	
16	シス-1,2-ジクロロエチレン	—	0.04mg/l 以下	
17	テトラクロロエチレン	(0.01mg/l 以下)	0.01mg/l 以下	
18	1,1,2-トリクロロエタン	—	0.006mg/l 以下	
19	トリクロロエチレン	(0.03mg/l 以下)	0.03mg/l 以下	
20	ベンゼン	—	0.01mg/l 以下	
21	クロロホルム	—	0.06mg/l 以下	消毒副生成物
22	ジブロモクロロメタン	—	0.1mg/l 以下	
23	ブロモジクロロメタン	—	0.03mg/l 以下	
24	ブロモホルム	—	0.09mg/l 以下	
25	総トリハロメタン	(0.1mg/l 以下)	0.1mg/l 以下	
26	1,3-ジクロロプロペン	—	0.002mg/l 以下	農薬
27	シマジン	(0.003mg/l 以下)	0.003mg/l 以下	
28	チウラム	(0.006mg/l 以下)	0.006mg/l 以下	
29	チオベンカルブ		0.02mg/l 以下	

※現行基準の（　）は，通知等に基づく暫定水質基準等である。

3. 水質項目

表3-2
◎水道水が有すべき性状に関連する項目（17項目）

	項　目　名	現　行　基　準	新　基　準	備　考
30	亜鉛	1.0mg/l 以下	1.0mg/l 以下	重金属
31	鉄	0.3mg/l 以下	0.3mg/l 以下	
32	銅	1.0mg/l 以下	1.0mg/l 以下	
33	ナトリウム	—	200mg/l 以下	無機物質
34	マンガン	0.3mg/l 以下	0.05mg/l 以下	
35	塩素イオン	200mg/l 以下	200mg/l 以下	
36	カルシウム，マグネシウム等（硬度）	300mg/l 以下	300mg/l 以下	
37	蒸発残留物	500mg/l 以下	500mg/l 以下	
38	陰イオン界面活性剤	0.5mg/l 以下	0.2mg/l 以下	有機物質
39	1,1,1-トリクロロエタン	(0.3mg/l 以下)	0.3mg/l 以下	
40	フェノール類	0.005mg/l 以下	0.005mg/l 以下	
41	有機物等（過マンガン酸カリウム消費量）	10mg/l 以下	10mg/l 以下	
42	pH値	5.8以上8.6以下	5.8以上8.6以下	基礎的性状
43	味	異常でないこと	異常でないこと	
44	臭気	異常でないこと	異常でないこと	
45	色度	5度以下	5度以下	
46	濁度	2度以下	2度以下	

計測方法：ペッテンコーヘル水温計など．

3.2　外　観

観察しようとする水を無色透明ビーカー等にいれて，色調，濁り，浮遊物，沈澱物や生物，泡立ちなどを詳しく観察し，汚染の有無や含有物質の種類，その多少等を推測する．

3.3　濁　度

水の濁りの程度を示す指標であり，精製水1l中標準カオリン1mgを含むときの濁りに相当するものを1度（または1mg/l）とする．

濁度は水道原水や浄水管理の良否を示す重要な指標である．また，浄水プロセスの選択もこの濁度を指標として行われる．

表3-3 快適水質項目（13項目）

	項　目　名	目　標　値	備考
1	マンガン	0.01mg/l 以下	色
2	アルミニウム	0.2mg/l 以下	
3	残準塩素	1 mg/l 程度以下	におい
4	2-メチルイソボルネオール	粉末活性炭処理 　　　：0.00002mg/l 以下 粒状活性炭等恒久施設 　　　：0.00001mg/l 以下	
5	ジェオスミン	粉末活性炭処理 　　　：0.00002mg/l 以下 粒状活性炭等恒久施設 　　　：0.00001mg/l 以下	
6	臭気強度（TON）	3 以下	
7	遊離炭酸	20mg/l 以下	味覚
8	有機物等 （過マンガン酸カリウム消費量）	3 mg/l 以下	
9	カルシウム，マグネシウム等 （硬度）	10mg/l 以上100mg/l 以下	
10	蒸発残留物	30mg/l 以上200mg/l 以下	
11	濁度	給水栓で1度以下 送配水施設入口で0.1度以下	濁り
12	ランゲリア指数（腐食性）	−1程度以上とし，極力0に近づける	腐食
13	pH値	7.5程度	

　付：ホルマジンポリマー（硫酸ヒドラジンとヘキサメチレンテトラミン）の粒子は粒子が均一であり，分散性に富み，光散乱性において再現性が優れているので濁りの標準物質として用いることができる。

　計測方法：透視比濁法，散乱光測定法，積分球式光電光度法，透視度計法

3.4　色　度

　水中に含まれる溶解性物質およびコロイド性物質が呈する類黄色，黄褐色系の色調の程度をいい，精製水1l中に色度標準液中の白金（Pt）1 mgおよびコバルト（Co）0.5 mgを含むときの呈色に相当するものを1度という。

　色度で定義される類黄色ないし黄褐色の黄色系色調は，地質や腐植質に由来するフミン質，工場廃水や下水，し尿の混入，鉄，マンガン等の溶出などによっ

3. 水質項目

表 3 – 4 監視項目（26項目）

	項　目　名	指　針　値	備　考
1	トランス-1,2-ジクロロエチレン	0.04mg/l 以下	一般有機化学物質
2	トルエン	0.6mg/l 以下	
3	キシレン	0.4mg/l 以下	
4	p-ジクロロベンゼン	0.3mg/l 以下	
5	1,2-ジクロロプロパン	0.06mg/l 以下	
6	フタル酸ジエチルヘキシル	0.06mg/l 以下	
7	ニッケル	0.01mg/l 以下	無機物質・重金属
8	アンチモン	0.002mg/l 以下	
9	ほう素	0.2mg/l 以下	
10	モリブデン	0.07mg/l 以下	
11	ホルムアルデヒド	0.08mg/l 以下	消毒副生成物
12	ジクロロ酢酸	0.04mg/l 以下	
13	トリクロロ酢酸	0.3mg/l 以下	
14	ジクロロアセトニトリル	0.08mg/l 以下	
15	抱水クロラール	0.03mg/l 以下	
16	イソキサチオン	0.008mg/l 以下	農薬
17	ダイアジノン	0.005mg/l 以下	
18	フェニトロチオン（MEP）	0.003mg/l 以下	
19	イソプロチオラン	0.04mg/l 以下	
20	クロロタロニル（TPN）	0.04mg/l 以下	
21	プロピザミド	0.008mg/l 以下	
22	ジクロルボス（DDVP）	0.01mg/l 以下	
23	フェノブカルブ（BPMC）	0.02mg/l 以下	
24	クロルニトロフェン（CNP）	0.005mg/l 以下	
25	イプロベンホス（IBP）	0.008mg/l 以下	
26	EPN	0.006mg/l 以下	

て示されることが多い。

3.5　臭　気

　検水約 100 ml を三角フラスコにとり，栓をして 40～50℃に温め激しく振ったのち，開栓と同時に臭気の有無および種類を試験する。

水の臭気は，下水や工場廃水の混入，プランクトン，鉄バクテリア，ある種の細菌の繁殖やその分泌物の存在，地質，塩素処理などによる。水道水中の臭気の存在は，飲料水，炊事用水などに利用されるときに極めて不快感を与え，感覚的障害を与える。

2-メチルイソボルネオール，ジェオスミン：藍藻類や放線菌類の代謝物質。貯水池や湖沼において藍藻類などの藻類が異常増殖し富栄養化が進んだ結果，水に異臭味がするようになる。その原因物質。

クロロフェノール：水中のフェノール類が消毒時の塩素と反応してクロロフェノールが生じ，特有の臭気を発することがある。

3.6 味

検水約 100 ml をビーカーにとり，40～50℃に温めてその少量を口に含み，味の有無やその種類を試験する。

水の味は，地質，海水，工業廃水，下水の混入およびプランクトン，ある種の菌の繁殖によることがあり，臭気と併せて飲用水の感覚的障害を与えることがある。

3.7 pH 値

pH 値は水素イオン濃度をその逆数の常用対数で表すものである。すなわち，水素イオン濃度が 10^{-n} グラムイオン/l であるとき，

$$\log \frac{1}{10^{-n}} = \log 10^n = n\log 10 = n \tag{3-1}$$

この n を指標として，pHn という。

純粋な水の場合，水は次のように解離している。

$$H_2O \rightleftarrows H^+ + OH^- \tag{3-2}$$

解離定数を K とすると，次式が成立する。

$$\frac{[H^+][OH^-]}{[H_2O]} = K \tag{3-3}$$

水の電離度は非常に小さく，$[H_2O]$ の値は電離の前後において不変とみなすことができ，

$$[H^+][OH^-] = K \cdot [H_2O] = Kw = 1.0 \times 10^{-14} \tag{3-4}$$

3. 水質項目

〔例題〕 1) 0.1規定の塩酸のpHはいくらか？

0.1規定の塩酸の水素イオン濃度は0.1グラムイオン＝0.1モル/lである。

水素イオン指数は pH＝$-\log(1\times10^{-1})$＝$1-\log 1$＝$1-0$＝1

よって，pH＝1

〔例題〕 2) 0.01規定のNaOH溶液のpHはいくらか？

0.01規定のNaOH溶液の水酸イオン濃度は0.01グラムイオン＝0.01モル/lである。$[OH^-]$＝1.0×10^{-2}モル/l。よって，

$$[H^+]=\frac{1.0\times10^{-4}}{[OH^-]}=\frac{1.0\times10^{-14}}{1.0\times10^{-2}}=1.0\times10^{-12}$$

水素イオン指数は pH＝$-\log[H^+]$＝$-\log(1.0\times10^{-12})$＝$12-0$＝12

よって，pH＝12

注：酸・塩基の量を示すのに次のような表し方がある。

1) モル単位：1モル＝アボガドロ数NA＝6.02×10^{23}個/モル＝分子数

　　1グラム分子：分子の1モルを1グラム分子という。

　　1グラムイオン：イオン1モルを1グラムイオンともいう。

2) 水素イオン1モルを出しうる酸の量を酸の1グラム当量という。

　　水酸イオン1モルを出しうる塩基の量を塩基の1グラム当量という。

a．HCl 1モル（＝1グラム分子（36.5 g））からH^+イオンは1モル生じるから，HCl（36.5 g）は1グラム当量である。

b．NaOH 1モル（＝1グラム分子（40.0 g））からOH^-イオンを1モル生じうるからNaOH（40.0 g）は1グラム当量である。

c．H_2SO_4(98.1 g) 1モルからH^+イオンは2モル生じうるから，H_2SO_4 1モル（98.1 g）は2グラム当量（2グラム分子）となり，H_2SO_4の1グラム当量は1/2モル＝98.1 g/2＝49.1 gとなる。

3.8 アルカリ度

水中に含まれる炭酸水素塩（HCO_3^-），炭酸塩（CO_3^{2-}）または水酸化物（OH^-）などのアルカリ分を，これに計算上対応する炭酸カルシウム（$CaCO_3$）のmg/

表3-5 pHと水素イオン濃度，水酸イオン濃度

$[H^+]$	10^{-0}	10^{-1}	10^{-2}	10^{-3}	10^{-4}	10^{-5}	10^{-6}	10^{-7}	10^{-8}	10^{-9}	10^{-10}	10^{-11}	10^{-12}	10^{-13}	10^{-14}
$[OH^{-1}]$	10^{-14}	10^{-13}	10^{-12}	10^{-11}	10^{-10}	10^{-9}	10^{-8}	10^{-7}	10^{-6}	10^{-5}	10^{-4}	10^{-3}	10^{-2}	10^{-1}	10^{-0}
pH	0	1	2	3	4	5	6	7	8	9	10	11	12	13	14

l で表したものである。

　自然水のアルカリ度は，主として地質の影響によるものであって，多くは炭酸水素塩となって存在する。工場廃水その他の汚染によるとき，浄水場での凝集処理，pH 調整などのためアルカリ剤を加えたときは，炭酸塩，水酸化合物またはその他のアルカリ分が含まれることがある。

　自然水ではアルカリ分は大部分炭酸水素塩の形をとり，炭酸塩や水酸化物の形で含まれることは少ない。もし存在していても，次のように，炭酸ガスの存在下では炭酸水素塩になるからである。

$$CO_3^{2-} + CO_2 + H_2O \rightarrow 2\,HCO_3^- \qquad (3-5)$$
$$OH^- + CO_2 \rightarrow HCO_3^- \qquad (3-6)$$

水酸化物や炭酸塩は水中で OH^- を出すから，その量に応じてアルカリ性（水酸イオン）を呈するが，重炭酸塩は冷水中で OH^- を殆ど出さないから，重炭酸塩の量が多くても pH は上がらない。

　なお，アルカリ度，酸度，遊離炭酸，pH は，図3-3 のような関係として示される。

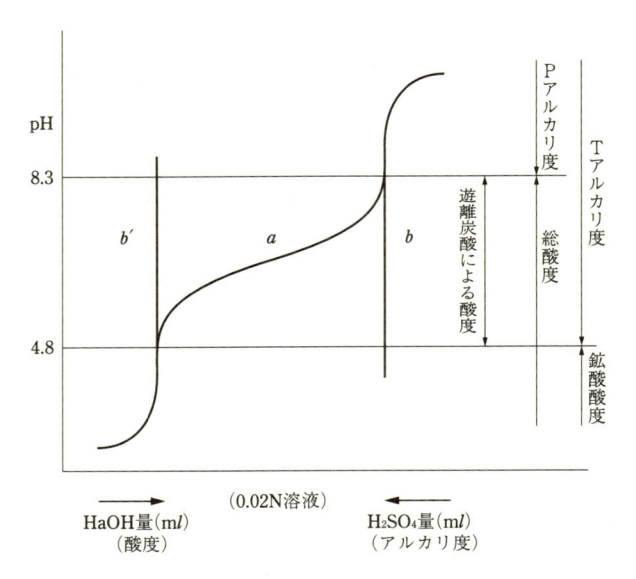

図3-3　アルカリ度・酸度・遊離炭酸関係図日本水道協会（「上水試験方法」）

3.9 過マンガン酸カリウム消費量（COD$_{Mn}$ 化学的酸素要求量）

水中の酸化されやすい物質（有機物や無機物－第1鉄塩，亜硝酸塩，亜硫酸塩，硫化物など）によって消費される過マンガン酸カリウムの量をいう。

過マンガン酸カリウム消費量は，明治時代から，水中の有機物などの汚濁の重要な指標として採用されてきている（検定法によりCODとなる）。

3.10 窒素類

窒素は自然界中の，気体（N_2 として大気中）－液体（溶解した蛋白態窒素，アンモニア態窒素，亜硝酸態窒素，硝酸態窒素）－個体（植物・動物として個体を構成する窒素）のように，様々な形態を取りながら変化している。

アンモニア態（性）窒素は，し尿，下水，工場排水などの混入によって存在することがあることから，有機性汚濁を受けたものと考えられるので，その存在する水は注意を要する。

亜硝酸態（性）窒素は，アンモニア性窒素の酸化によって生じるものであることから（硝酸性窒素還元による場合もある），有機性汚濁の過去を有する水として履歴を推測することができる。

硝酸態（性）窒素は，アンモニア性窒素の最終酸化物であり，有機性汚濁の履歴を有するものと考えることができる。高濃度で存在するとき，生体内では速やかに亜硝酸性窒素に変化し，この亜硝酸性窒素は乳児にメトヘモグロビン症を起こすことがある。

硝化反応の例

$$NH_4^+ + \frac{3}{2}O_2 \rightarrow NO_2^- + H_2O + 2H^+ \qquad (3-7)$$

$$NO_2^- + \frac{1}{2}O_2 \rightarrow NO_3^- \qquad (3-8)$$

3.11 塩素イオン

海水や工場廃水，し尿や下水の混入の可能性を示すものであり，汚染の一つの指標である。消毒に用いられる塩素剤は還元されて塩素イオンとなる。

〔例〕 し尿の塩素イオン濃度はどの程度か？
〔例解〕 1日に成人は10gの食塩を摂取するとする。し尿として1.5 l 排せつする

とする。食塩 10 g 中の塩素イオンは，$Na = 23\,g$，$Cl = 35.5\,g$ より

$$Cl^-/人・日 = 10\,g \times \frac{35.5}{23+35.5} = 6.07\,gCl^-/人・日 \qquad (3-9)$$

$$Cl^-濃度 = \frac{6.07\,gCl^-/人・日}{1.5\,l/人・日} = 4.047\,gCl^-/l \fallingdotseq 4,000\,mgCl^-/l \qquad (3-10)$$

3.12 硬　度

水中の Ca^{2+}，Mg^{2+} のイオン量を炭酸カルシウム($CaCO_3$)の mg/l に換算して表したもの。石鹸の脂肪酸ナトリウムは，水中の Ca^{2+}，Mg^{2+} と反応して脂肪酸カルシウム，脂肪酸マグネシウムとなって，石鹸としての効力を失う。

$$2\,C_{17}H_{35}COOONa + CaSO_4 \rightarrow (C_{17}H_{35}COOO)_2Ca \downarrow 沈澱 + Na_2SO_4$$
$$(3-11)$$

一時硬度：Ca^{2+}，Mg^{2+} の炭酸塩，重炭酸塩として存在している場合，煮沸によって $CaCO_3$ が不溶性塩として析出して軟水となる。

永久硬度：Ca^{2+}，Mg^{2+} が塩化物，硝酸塩，硫酸塩として存在しているものである。

3.13 蒸発残留物

水中に溶解している溶解性物質や非溶解状態で存在する浮遊性物質の総和であり，水を蒸発乾固したときに残る物質の総量である。

$$蒸発残留物 = 溶解性物質 + 浮遊性物質$$
$$= 強熱減量 + 強熱残留物$$

3.14 細菌学的試験

水道水は清浄であって公衆衛生の向上にも役立つことが要求されるが，ことに病原生物からの汚染を防ぐ点からも細菌学的な試験は重要である。

一般細菌：清浄な水には少なく，人為的な汚濁を受けた水ほど多い傾向があることから，水の汚染程度を示す指標となる。一般細菌とは，普通寒天培地を用いて，$36℃ \pm 1℃$，24 ± 2 時間培養したとき，シャーレ（ペトリ皿）中の培地に集落を形成した生菌の総てを言う。

大腸菌群：ここで言う大腸菌群とは，グラム陰性，無芽胞のかん菌で乳糖を分解して酸とガスを形成するすべての好気性または通性嫌気性の菌を含む。大腸菌群には，

Escherichia coli：人類や温血動物の腸管内に常在し，排せつ物中に常に存

在。

Enterobacter（*klebsiella*）*aerogenes*：土壌や河川水，沿岸海水など自然界中にも広く分布する。

のほか，いくつかの菌が含まれているが，各種経口伝染病の水系伝染の予防の立場から重要な汚染の指標として用いられている。

大腸菌群試験は，次の理由から人畜の排せつ物による汚染の直接的指標として重要である。

1）消化器系伝染病原菌は，常に大腸菌群と共に存在する。
2）消化器系伝染病原菌よりは外界の抵抗性が強く，安全側指標となる。
3）検出が容易で速やかである。
4）試験が鋭敏で僅かな量でも検出しうる。

3.15 クリプトスポリジウム

耐塩素性病原微生物で原生動物の胞子虫類に属し，人や家畜などに感染する寄生虫であり，感染はオーシスト（嚢胞体）を水等を通じ経口摂取することによって起る。下痢と腹痛が主症状ある。

3.16 水中毒物の生物検定

水道は，市民の日常生活の源となる飲料水や生活用水を供給するものであることから，原水中に産業廃水や農薬などの毒性物質が混入することは，絶対に避けなければならない。

このような有毒物質の流入に対して常時監視や毒性の有無，水質異常の有無，さらにその程度を知るために，原水などを導いた水槽に魚類を飼育し，魚の行動や健康状態を観察する。

4. 水のおいしさ

水温　　　　最高20℃以下，冷やすことによりおいしく飲める。
蒸発残留物　30～20 mg/l　おもにミネラルの含有量を示す。量が多いと苦みや渋みが増し，適度に含まれるとこくのあるまろやか味がする。
硬度　　　　10～100 mg/l　硬度の低い水はくせが少ない。マグネシウムの

多い水は苦みを増す。

遊離炭酸　　　3～30 mg/l　水にさわやかな味を与える。多いと刺激が強くなる。

過マンガン酸　　3 mg/l以下　多いと渋みをつけ，多量に含むと塩素の消費
カリウム消費量　　　　　　　量に影響して水の味を損なう。

臭気度　3以下　　　水源の状況により，様々な臭いがつくと不快な味がする。

残留塩素　　0.4 mg/l以下　水にカルキ臭を与え，濃度が高いと水の味をまずくする。

第4章　水源および取水施設

1. わが国の水源と水の使用量

　河川，湖沼，貯水池などの表流水も，伏流水，井戸水，湧水等の地下水も，その源は降水によるものである。汚濁のない自然の水源に勝るものはない。

　わが国は世界的にみても多雨地帯であるアジアモンスーン地帯に位置し，年平均降水量は約1,714 mm である（国土交通省試算）。わが国の降水量は地域および季節により大きな差があり，太平洋側の地域では夏期多雨，冬期乾燥であり，日本海側の地域では降雪による冬期多降水型である。

　図4-1は日本の年降水量の経年変化を示したものである。1950年代に多雨傾向が見られているが，その後は少雨傾向があり，ことに平成6年には1,163 mm の過去100年の最少記録を示している。このような記録的少雨のため，関西，中・四国，北九州を中心に大渇水に見舞われた。

　降水量から蒸発散して失われる量を差し引いた量が利用可能となり得るものであり，これを**水資源賦存量**という。我が国全体では，平水年賦存量は約4,200億 m³，渇水年賦存量は約2,800億 m³と推定される。図4-2は世界各国の降水量を示したものである。（国土交通省土地・水資源局水資源部：平成13年日本の水資源，平成13年8月）

　大まかな水の利用量は，生活用水として164億 m³/年（平成10年実績），工業用水として約137億 m³/年（平成11年推定），合わせた都市用水が301 m³/年，農業用水として約586億 m³/年（平成11年実績）となっている。水の利用は，多分に重複利用，再利用などがあるため，上記利用量がそのまま単純に総利用量とはなり得ないが，ほぼその合計887億 m³/年が利用されていると考えて良いであろう。この利用率は

　平水年の水資源賦存量約4,200億 m³に対し　21.1％

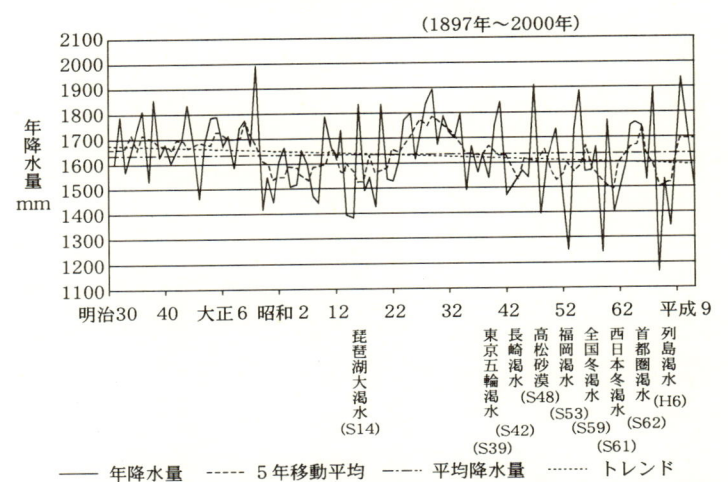

62　　　　　　　　　　第4章　水源および取水施設

(1897年～2000年)

年降水量 mm

|横軸ラベル| 明治30　40　大正6　昭和2　12　22　32　42　52　62　平成9 |

琵琶湖大渇水(S14)
東京五輪渇水(S39)
長崎渇水(S42)
高松砂漠(S48)
福岡渇水(S53)
全国冬渇水(S59)
西日本冬渇水(S61)
首都圏渇水(S62)
列島渇水(H6)

―― 年降水量　---- 5年移動平均　-・-・ 平均降水量　……… トレンド

(注) 1. 気象庁資料に基づいて国土交通省水資源部で試算。全国46地点の算術平均値。
　　　地点名：網走　根室　寿都　札幌　函館　宮古　山形　石巻　青森　秋田
　　　　　　　福島　前橋　熊谷　水戸　宇都宮　甲府　東京　長野　金沢　新潟
　　　　　　　福井　浜松　名古屋　岐阜　彦根　京都　大阪　和歌山　岡山　境
　　　　　　　浜田　厳原　広島　多度津　徳島　松山　高知　熊本　宮崎　福岡
　　　　　　　佐賀　長崎　鹿児島　名瀬　那覇　石垣島　　平成13年版日本の水資源
　　　2. トレンドは回帰直線による。

図4-1　日本の降水量の経年変化

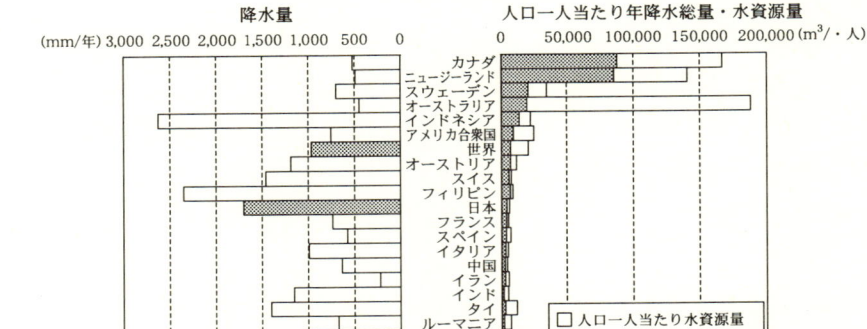

降水量 (mm/年)　　　　　　人口一人当たり年降水総量・水資源量 (m³/・人)

カナダ
ニュージーランド
スウェーデン
オーストラリア
インドネシア
アメリカ合衆国
世界
オーストリア
スイス
フィリピン
日本
フランス
スペイン
イタリア
中国
イラン
インド
ルーマニア
イギリス
サウジアラビア
エジプト

□ 人口一人当たり水資源量
▨ 人口一人当たり年降水総量

(注) 1. 日本の降水量は昭和41年～平成7年の平均値である。世界及び各国の降水量は1977年開催の国連水会議における資料による。
　　　2. 日本の人口については国勢調査(平成12年)による。
　　　　世界の人口についてはUnited Nations World Population Prospects, The 1998 Revisionにおける2000年推計値。
　　　3. 日本の水資源量は水資源賦存量(4,217億m³/年)を用いた。世界及び各国は，World Resources 2000-2001 (World Resources Institute)の水資源量(Annual Internal Renewable Water Resources)による。
　　　　　　　　　　　　　　　　　　　　　　　　　　平成13年版日本の水資源

図4-2　世界各国の降水量等

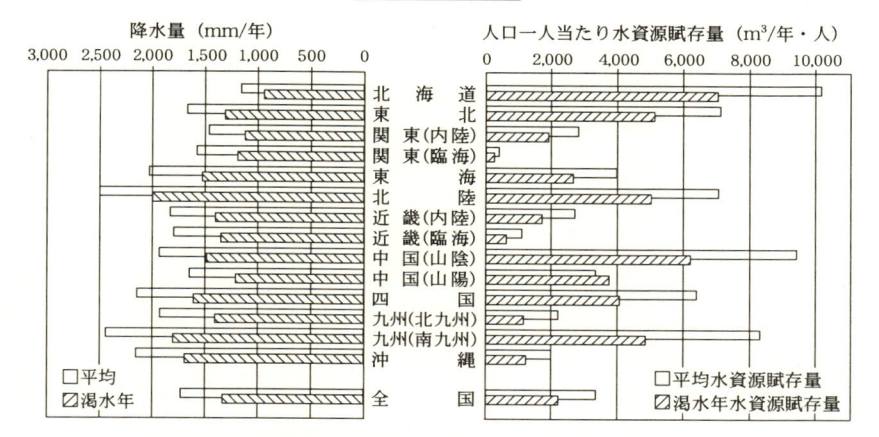

2. 水源と取水量

図4-3 地域別降水量及び水質源賦存量

（注）
1. 国土交通省水資源部調べ及び総務庁統計局国勢調査（平成7年）による。
2. 平均水資源賦存量は、降水量から蒸発散によって失われる水量を引いたものに面積を乗じた値（水資源賦存量）の平均を昭和41年から平成7年までの30年間について地域別に集計した値である。
3. 渇水年水資源賦存量は、昭和41年から平成7年までの30年間の降水量の少ない方から数えて3番目の年における水資源賦存量を地域別に集計した値である。
4. 地域区分については、用語の解説を参照。

平成13年版日本の水資源

渇水年の水資源賦存量に対し31.4％となる。
図4-3に地域別の水資源賦存量を示す。

2. 水源と取水量

水源は水質的に清浄で、将来とも汚染のおそれが少なく、計画取水量が確保できるものでなければならない。

水道の水源には次のような種類がある。

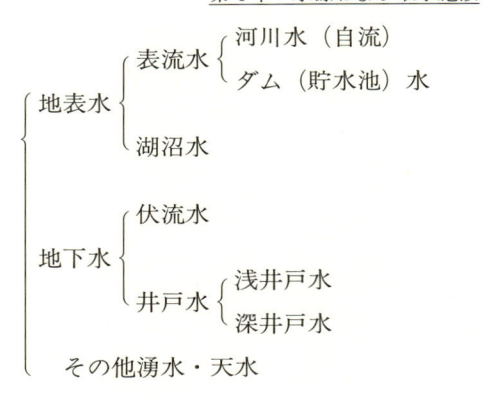

```
           ┌         ┌ 河川水（自流）
           │  表流水 ┤
           │         └ ダム（貯水池）水
     地表水 ┤
           │
           └ 湖沼水

           ┌ 伏流水
           │
     地下水 ┤         ┌ 浅井戸水
           │  井戸水 ┤
           │         └ 深井戸水
           │
           └ その他湧水・天水
```

表4-1に上水道事業と上水道用水供給事業の年間取水量を示している。

表4-1　年間取水量

(単位：千m³)

水　　源	平成11年度			構成比(%)	平成10年度
	上水道	用水供給	計		
I　地　表　水	7,818,502	4,270,053	12,088,555	71.7	12,100,770
1）表　流　水	7,633,978	4,225,129	11,859,137	70.3	11,865,872
(1) 自　　流	4,500,845	856,949	5,357,794	31.8	5,480,459
(2) ダ　　ム	3,133,133	3,368,210	6,501,343	38.5	6,385,413
① ダム直接	965,598	1,614,235	2,579,833	15.3	2,187,449
② ダム放流	2,167,535	1,753,975	3,921,510	23.2	4,197,964
2）湖　沼　水	184,524	44,894	229,418	1.4	234,898
II　地　下　水	4,175,260	93,427	4,268,687	25.3	4,292,730
1）伏　流　水	598,371	48,357	646,728	3.9	653,573
2）井　戸　水	3,576,889	45,070	3,621,959	21.4	3,639,157
(1) 浅井戸水	1,233,124	27,404	1,260,528	7.5	1,268,697
(2) 深井戸水	2,343,765	17,666	2,361,431	14.0	2,370,460
III　そ　の　他	494,363	17,090	511,453	3.0	519,795
（浄　水　受　水）	(4,278,974)	(1,355)	(4,280,329)	—	(4,459,684)
計（I + II + III）	12,488,125	4,380,570	16,868,695	100.0	16,913,295

（注）　浄水受水は，計から除く。　　　　　　日本水道協会：水道統計要覧平成11年度

3. 計画取水量

水源において取水施設から取水する計画取水量は，計画1日最大給水量を基準とし，その他必要に応じ，作業用水を見込むものとする。一般には，取水地点から浄水場に至る間の漏水や浄水場内での作業用水を勘案して，計画1日最大給水量の10％程度増しとして計画取水量を定めることが多い。

4. 水源の種類と特徴
4.1 河 川
(1) 特 徴
 a．水質的に上流は良好，下流ほど人為的汚濁を受ける可能性大。
 b．溶存酸素は比較的豊富，硬度は一般に低い。
 c．有機・無機の浮遊物を多く含むことがある。
 d．上流に貯水池，湖沼がある場合，その影響を直接受けることが多い。
 e．降雨時には濁度その他の水質が悪化する可能性が大。
 f．水質・水量の変動の割合が大きい。
 g．取水が容易
 h．大量の取水も可能
 i．その他

表4-2に我が国のおもな河川を示している。

(2) 調査事項
 a．水量・水位・渇水量・渇水位，平水量・平水位，洪水量・洪水位，最大渇水量・最大渇水位，最大洪水量・最大洪水位，計画洪水流量・計画高水位
  渇水量：年間を通じて355日間はこれを下らず，これより少ない日は10日を越えないような河川の流量
  低水量：年間を通じて275日間はこれを下らない河川の流量
  平水量：年間を通じて185日間はこれを下らない河川の流量
  豊水量：年間を通じて95日間はこれを下らない河川の流量
  洪水量：1年間に1回か2回起こる程度の出水の流量

第4章　水源および取水施設

表4-2　日本のおもな河川　（建設省河川局平成12年発行の資料による）

河川名	流域面積 (km²)	＊＊幹川流路延長 (km)	観測地点	観測地点の上流域面積 (km²)	流量 (m³/s) 年平均	最大	最小	観測期間
利根川（とねがわ）	16,840	322	栗橋	8,588	349	10,577	72	1938〜98*
石狩川（いしかりがわ）	14,330	268	石狩大橋	12,697	470	3,045	63	1954〜98
信濃川（しなのがわ）	11,900	367	小千谷	9,719	593	5,967	108	1951〜98
北上川（きたかみがわ）	10,150	249	登米	7,869	443	4,686	51	1952〜98
木曽川（きそがわ）	9,100	227	犬山	4,684	402	5,328	70	1951〜98*
十勝川（とかちがわ）	9,010	156	茂岩	8,277	281	4,104	87	1954〜98
淀川（よどがわ）	8,240	75	枚方	7,281	328	2,348	67	1952〜98*
阿賀野川（あがのがわ）	7,710	210	馬下	6,997	426	5,248	71	1951〜98
最上川（もがみがわ）	7,040	229	高屋	6,271	415	3,398	68	1959〜98
天塩川（てしおがわ）	5,590	256	円山	4,685	176	1,225	22	1969〜98
阿武隈川（あぶくまがわ）	5,400	239	館矢間	4,133	187	4,936	37	1963〜98
天竜川（てんりゅうがわ）	5,090	213	鹿島	4,880	380	4,032	9	1939〜98*
雄物川（おものがわ）	4,710	133	椿川	4,035	280	2,380	73	1938〜98
米代川（よねしろがわ）	4,100	136	二ッ井	3,750	236	3,669	41	1956〜98
富士川（ふじがわ）	3,990	128	北松野	3,536	161	7,052	15	1960〜98*
江の川（ごうのかわ）	3,870	194	川平	3,807	144	5,220	35	1969〜98
吉野川（よしのがわ）	3,750	194	中央橋	3,044	169	8,517	24	1955〜98*
那珂川（なかがわ）	3,270	150	野口	2,181	119	3,564	40	1951〜98*
荒川（あらかわ）	2,940	173	寄居	905	49	3,460	2	1952〜98*
九頭龍川（くずりゅうがわ）	2,930	116	中角	1,240	129	2,517	10	1952〜98*
筑後川（ちくごがわ）	2,863	143	瀬の下	2,315	124	2,600	37	1950〜98
神通川（じんつうがわ）	2,720	120	神通大橋	2,688	223	2,924	80	1958〜98
高梁川（たかはしがわ）	2,670	111	日羽	1,986	76	5,406	15	1963〜98*
岩木川（いわきがわ）	2,540	102	五所川原	1,740	94	862	13	1953〜98*
釧路川（くしろがわ）	2,510	154	標茶	895	28	255	18	1956〜98
新宮川（しんぐうがわ）	2,360	183	相賀	2,251	262	6,801	10	1951〜98*
渡川（わたりがわ）	2,270	196	具同	1,808	196	6,826	27	1952〜98
大淀川（おおよどがわ）	2,230	107	柏田	2,126	140	2,557	25	1961〜98
斐伊川（ひいかわ）	2,070	153	新伊萱	732	34	1,317	12	1966〜98*
吉井川（よしいがわ）	2,060	133	御休	1,996	72	7,265	7	1966〜98
馬淵川（まべちがわ）	2,050	142	剣吉	1,751	65	641	14	1963〜98
常呂川（ところがわ）	1,930	120	北見	1,394	27	898	7	1954〜98
由良川（ゆらがわ）	1,880	146	福知山	1,344	65	2,411	5	1953〜98*
球磨川（くまがわ）	1,880	115	横石	1,856	118	2,987	11	1968〜98
矢作川（やはぎがわ）	1,830	117	米津	1,657	72	1,123	7	1938〜98*

理科年表平成13年

　b．利水状況

　　・水利権獲得の実体

　　・その他の利水等の実態

　c．水質

　　・降雨と濁度の関係

　　・年間の水質変化

　d．流域の状況

4. 水源の種類と特徴

表4-3 流況表…A川の流況調べ

流量 m³/sec	日数 n	Σn	365-Σn	流量 m³/sec	日数 n	Σn	365-Σn
13.9	1	1	364	39.5	5	228	137
14.3	4	5	360	40.3	6	234	131
15.1	8	13	352	42.0	6	240	125
16.0	11	24	331	42.5	6	246	119
16.5	7	31	334	43.5	5	251	114
16.9	7	38	327	45.6	4	255	110
17.3	4	42	323	46.6	6	261	104
18.0	6	48	317	47.8	5	266	99
18.4	6	54	311	49.9	6	272	93
19.0	7	61	304	51.4	6	278	87
19.8	7	68	297	54.9	4	282	83
21.1	6	74	291	55.9	5	287	78
21.6	8	82	283	56.9	5	292	73
23.4	9	91	274	58.3	4	296	69
24.1	8	99	266	59.6	5	301	64
25.1	8	107	258	60.9	6	307	58
25.9	9	116	249	63.2	10	317	48
26.4	5	121	244	67.1	6	323	42
27.2	7	128	237	72.4	8	331	34
27.9	10	138	227	75.4	6	337	28
28.7	4	142	223	80.7	5	342	23
29.4	6	148	217	96.3	4	346	19
29.8	9	157	208	102.9	2	348	17
30.5	8	165	200	114.3	2	350	15
30.9	6	171	194	124.4	3	353	13
31.6	6	177	188	140.9	2	355	10
32.4	7	184	181	149.7	2	357	8
33.1	4	188	177	167.8	2	359	6
34.5	7	195	170	211.4	1	360	5
35.3	7	202	163	259.6	1	361	4
35.7	5	207	158	337.3	1	362	3
36.2	7	214	151	491.5	1	363	2
36.9	5	219	146	524.7	1	364	1
38.0	4	223	142	607.2	1	365	0

・汚濁源の把握

・水質保全対策の状況

・水質の現況と将来に関する予測

・感潮の状況

(3) **取水施設**

a. 取水地点の選定

・将来においても，流心の変化，河床変動の恐れがなく，流速の緩やかな地点

・取水地点およびその後背地は，地盤・地質が良好で災害の恐れの少ない地点

・河川の改修計画などを考慮し，事前に河川管理者と協議すること

第4章 水源および取水施設

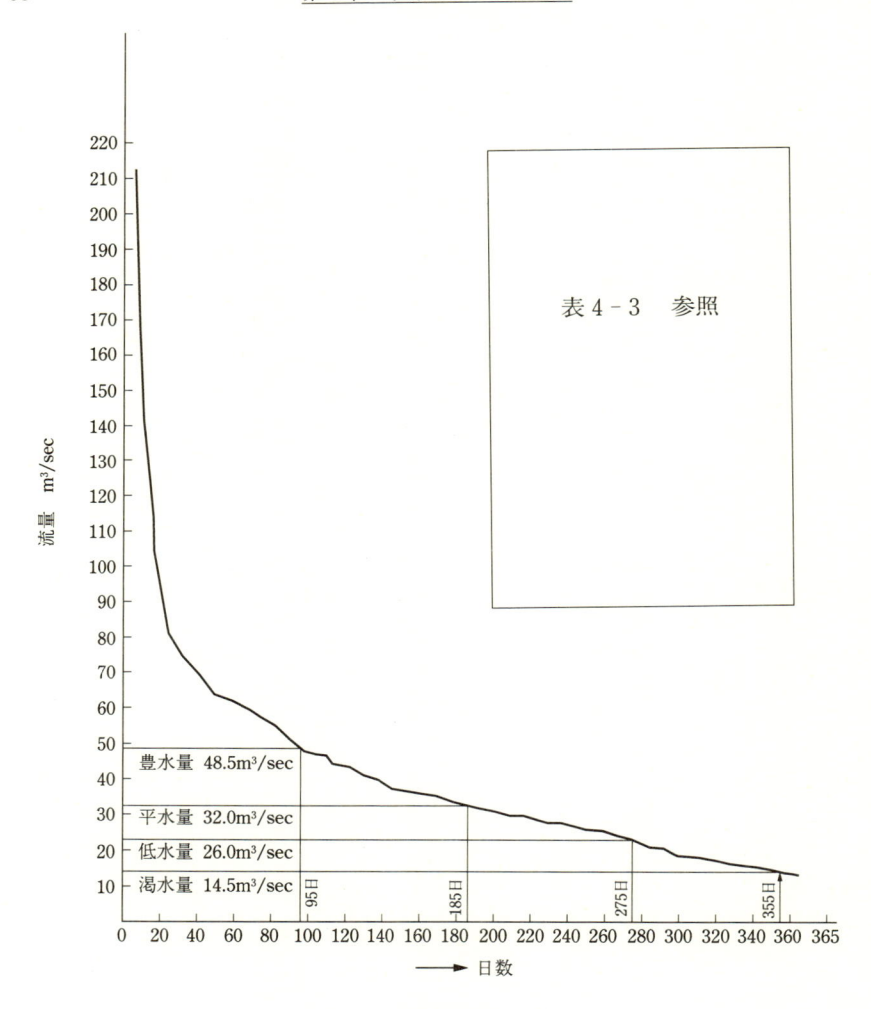

```
流量 m³/sec
```

(流況曲線グラフ)
- 豊水量 48.5m³/sec — 95日
- 平水量 32.0m³/sec — 185日
- 低水量 26.0m³/sec — 275日
- 渇水量 14.5m³/sec — 355日

表4-3 参照

図4-4 流況曲線（A川の例）

・汚水の流入や海水の影響のないところ

b．取水施設

　表4-4に取水施設（河川）の概要を示している。
　・取水堰
　・取水塔

4. 水源の種類と特徴

表4-4 取水施設の概況（河川）

	取水堰	取水塔	取水門	取水管渠	取水枠
概略図	堤防／可動堰または扉／取水口／固定堰	取水塔上屋／H.W.L／L.W.L／取水口／導水管	操作室／スクリーン／計画取水位／導水トンネル／ゲート	スクリーン／M.W.L／L.W.L／角落／導水管／張コンクリート	導水管
機構・機能	河川横断方向に堰を設けて河川水位をせき上げ、計画水位を確保し、安定した取水ができるように施設。可動堰・固定堰と取水口・沈砂池等が一体となっている。	河川の水深が一定以上の所に設置して安定した取水をする施設。水取口を数段に設けて選択取水が可能。	水源の水位や河床の安定した岸に取水口を設けるもの。鉄筋コンクリート門型構造で、ゲート、砂だめ等を一体として取水する。	複断面河川の低水護岸内に取水口を設け、直接表流水を取水する。取水口下流に固定堰を設けると大量取水も可能となる。	河床の変化の安定した、流失、埋設の恐れの少ない地点の取水施設として最も簡単な構造である。
特徴	大河川、下流部での大量取水に適する。河川の流況が安定な場合に適する。工費大。	大河川の中下流部に適する。大・中量取水に適する。流況安定河川に適する。取水堰に比較して一般に経済的。	中小河川の上流部に用いられる。少量取水に適する。流況・河床・水位が安定していれば適する。一般に工費小さい。	大中河川下流部で中量以下の取水に用いられる。流況の安定した河川の地盤以下に築造するので下流、治水、舟運等に支障がない。一般に工費小さい。	中小河川の上中流部での少量取水に用いられる。短時日で築造可能。安定した河床・埋設のおそれがある。流失、埋設のおそれがある。工費小さい。

（水道施設設計指針より参照作表）

- 取水門
- 取水管渠
- 取水枠

(4) 沈砂池

　河川表流水を，取水門，取水塔，取水管渠等により取水したとき，原水とともに流入した砂を速やかに沈降除去するために設ける。図4-5に沈砂池（水道施設設計指針・解説より参考作図）を示す。

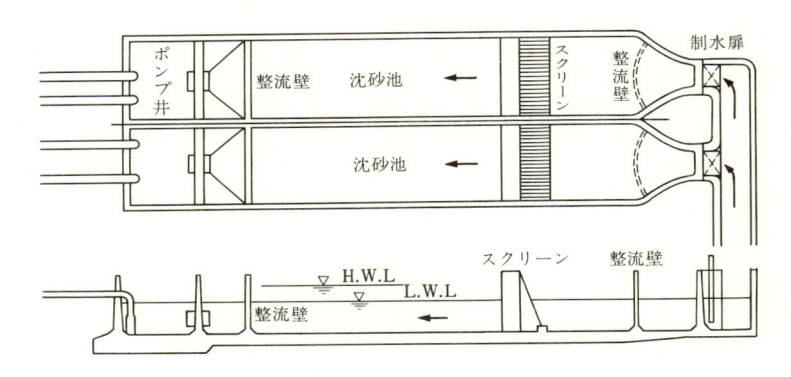

図4-5　沈砂池

1) 位置：なるべく取水口に近接し，堤内地に設ける。
2) 形状：一般的に長方形とし，流入部および流出部を漸次拡大，縮小させた形とし，偏流・渦流が生じないようにする。幅：長さ＝1：3～8。
3) 池数：2池以上とする。
4) 表面負荷率は，200～500 mm/min を標準とする。除去対象砂：0.1 mm～0.2 mm の砂分
　　表4-5に砂粒子の沈降速度を示す。
5) 構造：原則として鉄筋コンクリート造とし，浮力に対しても安全な構造とする。
6) 容量：計画取水量の10～20分間分を標準とする。
7) 流速：池内平均流速は2～7 cm/秒を標準とする。
8) 水位：池の高水位は，計画取水量が流入できるように，取水河川の最

4. 水源の種類と特徴

表4-5 砂粒子の沈降速度*

粒子の径	沈 降 速 度	比 重
0.30 (mm)	3.2 (38/秒, 10℃)	2.65の場合
0.20	2.1	〃
0.15	1.5	〃
0.10	0.8	〃
0.08	0.6	〃

* Ellms: Water purification, 1928
（水道施設設計指針・解説 p.85）

低水位以下に定める。

9) 水深：池の有効水深は3～4mとし，堆砂深さを0.5～1m見込む。
10) 池底勾配：排砂のため，中央部に溝を設け，縦方向には排水口に向かって1/100，横方向には中央に向かって1/50程度の勾配をつける。
11) 付属設備：スクリーン
    制水弁またはスルーゲート
12) 池長Lの決定例
    長方形池の場合，池長Lは次式で算定する。

$$L = K\left(\frac{H}{U}\right) \cdot V \tag{4-1}$$

L：池長（m）　　　　　　　　H：有効水深（m）
U：除去対照砂の沈降速度（cm/sec）　V：池内平均流速（cm/sec）
K：係数（安全率）1.5～2.0

の池長とすればよい。

4.2 湖　沼

(1) **特徴**

a. 静水であり，自浄作用効果も大きく，河川水に比較して一般に水質良好。
b. 湖岸より湖心の方が一般に水質良好。
c. 流入河川水の影響を直接受ける。
d. 春秋の循環期に水層の移動があり，自然に水が濁る。また，夏冬には密度成層（表水層－変水層（跳層）－深水層）の形成があり，水は澄明とな

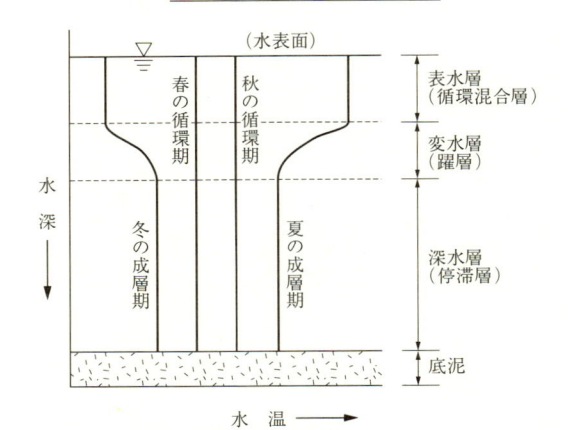

図4-6　湖沼の温度成層（海老江原図）
（中緯度地帯の湖沼で水深10m程度以上，底部の水温は4℃付近）
海老江・芦立：衛生工学演習

る（図4-6）。

e．風の影響を受けやすい。

f．栄養塩類の流入により富栄養化現象がみられる可能性がある。

g．取水が容易

h．河川水よりも水量が安定している。

i．水質が一度悪化すると，その回復にはかなりの時間を要する。

表4-6に日本の主な湖沼を示している。

図4-6に猪苗代湖の水質と流入河川水質の関係を示す。

(2) 調査事項

a．湖沼の水位および水量など…渇水位，平水位，洪水位，最大渇水位，最大洪水位，計画高水位および年間の水位変化と湖沼水量の関係。
　　湖沼の水深図，湖底の状況

b．利水状況
・当該湖沼における水利権取得の実態
・その他の利水の実態

c．水質
・年間の水質変化

4. 水源の種類と特徴

表 4-6 日本のおもな湖沼

名　称	都道府県（支庁）	成因	汽水/淡水	面積(km²)	標高(m)	周囲長(km)	最大水深(m)	平均水深(m)	全面結水	湖沼型	透明度(m)
琵琶湖（びわこ）	滋賀	構造	淡水	670.5	85	241	103.8	41.2	しない	中栄養	6.0
霞ヶ浦（かすみがうら）	茨城	海跡	淡水	167.6	0	120	7.3	3.4	しない	富栄養	0.6
サロマ湖（さろまこ）	北海道（網走）	海跡	汽水	151.9	0	87	19.6	8.7	する	富栄養	9.4
猪苗代湖（いなわしろこ）	福島	構造	淡水	103.3	514	50	93.5	51.5	しない	酸栄養	6.1
中海（なかうみ）	島根・鳥取	海跡	汽水	86.2	0	105	17.1	5.4	しない	富栄養	5.5
屈斜路湖（くっしゃろこ）	北海道（釧路）	カルデラ	淡水	79.3	121	57	117.5	28.4	しない	酸栄養	6.0
宍道湖（しんじこ）	島根	海跡	汽水	79.1	0	47	6.0	4.5	しない	富栄養	1.0
支笏湖（しこつこ）	北海道（石狩）	カルデラ	淡水	78.4	248	40	360.1	265.4	しない	貧栄養	17.5
洞爺湖（とうやこ）	北海道（胆振）	カルデラ	淡水	70.7	84	50	179.7	117.0	しない	貧栄養	10.0
浜名湖（はまなこ）	静岡	海跡	汽水	65.0	0	114	16.1	4.8	しない	中栄養	1.3
小川原湖（おがわらこ）	青森	海跡	汽水	62.2	0	47	24.4	10.5	しない	中栄養	3.2
十和田湖（とわだこ）	青森・秋田	カルデラ	淡水	61.0	400	46	326.8	71.0	しない	貧栄養	9.0
能取湖（のとろこ）	北海道（網走）	海跡	汽水	58.4	0	33	23.1	8.6	する	富栄養	5.5
風蓮湖（ふうれんこ）	北海道（根室）	海跡	汽水	57.5	0	94	13.0	1.0	しない	貧栄養	4.0
北浦（きたうら）	茨城	海跡	淡水	35.2	0	64	7.0	4.5	しない	富栄養	0.6
網走湖（あばしりこ）	北海道（網走）	海跡	汽水	32.3	0	39	16.1	6.1	する	富栄養	1.4
厚岸湖（あっけしこ）	北海道（釧路）	海跡	汽水	32.3	0	25	—	—	する	中栄養	1.3
八郎潟調整池（はちろうがたちょうせいち）	秋田	海跡	淡水	27.7	0	35	12.0	—	する	富栄養	1.3
田沢湖（たざわこ）	秋田	カルデラ	淡水	25.8	249	20	423.4	280.0	しない	酸栄養	9.0
摩周湖（ましゅうこ）	北海道（釧路）	カルデラ	淡水	19.2	351	20	211.4	137.5	しない	貧栄養	28.0
十三湖（じゅうさんこ）	青森	海跡	汽水	18.1	0	28	1.5	—	しない	中栄養	1.0
クッチャロ湖（くっちゃろこ）	北海道（宗谷）	海跡	淡水	13.3	0	30	3.3	1.0	する	富栄養	2.2
阿寒湖（あかんこ）	北海道（釧路）	カルデラ	淡水	13.0	420	30	44.8	17.8	する	富栄養	5.0
諏訪湖（すわこ）	長野	構造	淡水	12.9	759	17	7.6	4.6	する	富栄養	0.5
中禅寺湖（ちゅうぜんじこ）	栃木	堰止	淡水	11.8	1,269	22	163.0	94.6	しない	貧栄養	9.0
池田湖（いけだこ）	鹿児島	カルデラ	淡水	10.9	66	15	233.0	125.5	しない	中栄養	6.5
檜原湖（ひばらこ）	福島	堰止	淡水	10.7	822	38	30.5	12.0	する	中栄養	4.5
涸沼（ひぬま）	茨城	海跡	汽水	9.4	0	20	3.1	2.1	しない	富栄養	0.6
印旛沼（いんばぬま）	千葉	堰止	淡水	8.9	1	44	1.8	1.7	しない	富栄養	0.5
涛沸湖（とうふつこ）	北海道（網走）	海跡	汽水	8.3	1	27	2.4	1.1	する	富栄養	0.5
久美浜湾（くみはまわん）	京都	海跡	汽水	7.2	0	23	20.6	—	しない	中栄養	3.0
湖山池（こやまいけ）	鳥取	海跡	淡水	7.0	0	18	6.5	2.8	しない	富栄養	1.0
芦ノ湖（あしのこ）	神奈川	カルデラ	淡水	6.9	725	19	40.6	25.0	しない	中栄養	7.5
山中湖（やまなかこ）	山梨	堰止	淡水	6.8	981	14	13.3	9.4	する	中栄養	5.5
塘路湖（とうろこ）	北海道（釧路）	海跡	淡水	6.3	8	18	6.9	3.1	する	富栄養	1.1
松川浦（まつかわうら）	福島	海跡	汽水	5.9	0	23	5.5	—	しない	富栄養	1.2
外浪逆浦（そとなさかうら）	茨城・千葉	海跡	汽水	5.9	0	12	23.3	—	しない	富栄養	0.6
河口湖（かわぐちこ）	山梨	堰止	淡水	5.7	831	18	14.6	9.3	する	富栄養	5.2
温根沼（おんねとう）	北海道（根室）	海跡	汽水	5.7	1	14	6.7	1.2	する	貧栄養	1.7
鷹架沼（たかほこぬま）	青森	海跡	汽水	5.7	0	22	7.0	2.7	する	富栄養	1.5
猪鼻湖（いのはなこ）	静岡	海跡	汽水	5.4	0	14	7.0	4.6	しない	中栄養	1.0

理科年表平成13年

第4章 水源および取水施設

猪苗代湖と流入出河川の水質比較（平成4年度水質年表）[※1),※2)]

	猪苗代湖　心	長瀬川	舟津川	日橋川	菅川	常夏川	高橋川	小黒川	酸川
気温(℃)	18.9	14.3	18.7	14.1	19.6	19.5	14.9	14.8	15.9
水温(℃)	12.5	11.6	16.1	11.4	16.8	15.6	12.5	12.9	12.8
流量(m^3/s)			1.10		0.46	0.64	1.27	1.41	2.05
透視度(cm)		>30	>30	>30	>30	30	25	27	>30
透明度(m)	7.5								
pH	5.1	4.7	7.2	6.9	7.3	7.1	7.5	7.3	2.9
DO(mg/l)	11	11	10	11	9.7	9.9	11	10.0	9.7
BOD(mg/l)		1.0	0.9	0.6	0.8	1.4	1.4	2.8	1.0
COD(mg/l)	0.5	2.2	1.8	1.6	2.2	2.9	3.6	4.1	1.4
SS(mg/l)	1	12	4	8	6	11	29	17	8
大腸菌群数(MPN/100ml)	0.3E 0	3.9E 1	6.4E 3	7.4E 3	1.2E 4	1.0E 4	5.6E 3	3.8E 4	3.3E 1
全窒素(mg/l)	0.25	0.40	0.80	0.73	0.61	0.64	1.00	1.37	0.58
全りん(mg/l)	0.004	0.017	0.026	0.035	0.016	0.032	0.040	0.097	0.039
オルトりん酸態(mg/l)	<0.003	<0.003	0.006		0.006	0.013	0.013	0.025	0.033
硫酸イオン(mg/l)	34	105							188
クロロフィル($\mu g/l$)	1.1								
DOの飽和率(%)	99				102	101			

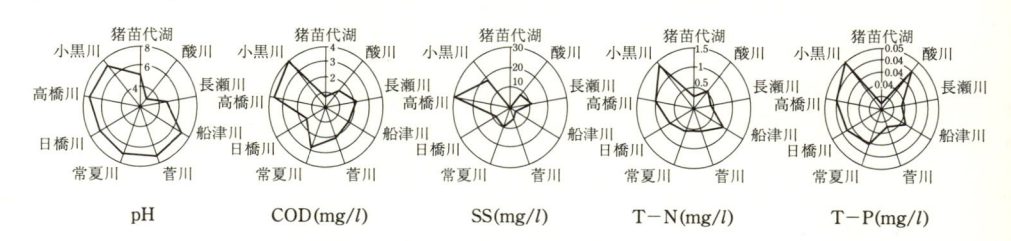

※1) 中村外：日本大学工学部　紀要　第36巻　A March, 1995
※2) 福島県：平成4年度福島県水質年表。

図4-7　猪苗代湖と流入河川水の水質比較

・流入河川と湖沼の水質および微生物の季節的発生状況等

・富栄養化現象の動向把握

d．沿岸の状況，風向および風速

(3) **取水施設**

a．取水施設の選定

・渇水期にあっても計画取水量の取水できる地点。寒冷地では結氷に注意する。

・汚水の流入箇所付近を避ける。将来においても良好な水質が確保され

4. 水源の種類と特徴

る地点。
- ・航路より離れていること。
- ・取水施設が安全に築造できる地点であること。

b．取水施設表4-7に主な取水施設の選定(湖沼・貯水池を水源とする場合)概要を示している。
- ・取水塔
  固定式，可動式
- ・取水枠
- ・取水門

4.3 ダム湖貯水池（貯水施設）

(1) 水道における貯水施設の基本要件
a．年間を通じて計画取水量を確実に確保できる構造と規模を有する。
b．貯留水の水質が清浄で，将来汚染を受ける恐れの少ない場所に設置する。
c．貯水施設の建設に当たっては，環境への影響について配慮する。

(2) 貯水池水の有効貯水量決定に用いる基準渇水年の選定は，10年に一度生ずるような渇水年を標準とするものとする。

(3) 有効貯水量の決定
a．有効貯水量は，基準渇水年におけるダム地点の河川流量と，必要水量との差引累加によって決定すること。
b．必要水量は，水道計画の取水量のほか，河川維持用水，既得水利権水量等を加えたものとすること。
c．寒冷地においては，結氷の影響を考慮すること。

(4) 貯水池の特徴および取水施設は湖沼とほぼ同じと考えてよい。

(5) 累加流量曲線法（Ripple Method）による所要貯水量の求め方（例）

表4-8のような河川の流量記録と取水のある場合，必要貯水量を求めてみる（図4-8 Ripple法の例）。

毎月の月間流量から流入量累加水量を求め，曲線OBを描く。次に毎月の取水量から，取水累加水量を求め，直線OAを描く。曲線OBの一つの凸部C点から直線OAに平行な直線を引き，OBとの交点をDとすると，最大不足量は

表4-7 取水施設の概要（湖沼、貯水池）

	取水塔固定式	取水塔可動式	取水枠	取水門
概略図	（図：取水塔上屋、H.W.L、L.W.L、スクリーン、ゲート、導水管）	（図：取水塔可動式）	（図：取水枠、導水管）	（図：操作室、スクリーン、計画取水位、導水トンネル、ゲート）
機構・機能	年間を通じて最小水深が2m以上のような水深の場所に設ける。側壁に設けた取水口より選択取水が可能。計画水量を安定して取水できる。	水深が特に大きく、鉄筋コンクリート造りの取水塔が築造困難な場合に設けられる。鉄骨構造等のフロート式で取水できる。	湖沼底部に水中に没して設置される。構造が簡単で施工も比較的容易。	湖沼岸の安定した場所に取水口を設ける。鉄筋コンクリート門型作りで、ゲートまたは角落し、砂だめ等一体として取水する。
特徴	大量取水に適する。水位変化が大きくても安定取水可能。工費大。大規模湖沼に多い。	大・中・小量に広く適する。水位変動に応じて表層水を取水可能。任意の深さでの取水も可能。工費大。大規模湖沼に多い。	比較的少量取水に用いられる。短時日で築造可能。経済的。湖沼の大小に関係しない。	中・小量取水に用いられる。水位変動が安定していれば安定取水可能。水位変動のある場合には不利などきがある。経済的。小規模湖沼に多い。

（水道施設設計指針・解説より参考作表）

4. 水源の種類と特徴

表 4-8 河川の流量

年 月	月間流量 Q m³/月 a	月間取水量 D m³/月 b	累積月間流量 ΣQ	不足流量 $D-Q$ m³/月	累積不足流量 $\Sigma D - \Sigma Q$	
60. 1	$1,550 \times 10^3$	400×10^3	$1,550 \times 10^3$	$-1,150 \times 10^3$	(0)	
2	2,300	400×10^3	3,850	$-1,900$	(0)	
3	1,100	400×10^3	4,950	-700	(0)	満水
4	850	400×10^3	5,800	-450	(0)	
5	150	400×10^3	5,950	$+250$	250×10^3	
6	100	400×10^3	6,050	$+300$	550	
7	150	400×10^3	6,200	$+250$	800	
8	80	400×10^3	6,280	320	1,120	
9	180	400×10^3	6,460	220	1,340	
10	90	400×10^3	6,550	310	1,650	
11	40	100×10^3	6,590	360	2,010	
12	20	400×10^3	6,610	380	2,390	
61. 1	60	400×10^3	6,670	340	2,730	
2	120	400×10^3	6,790	280	3,010	
3	240	400×10^3	7,030	160	3,170	
4	80	400×10^3	7,110	320	3,490	
5	20	400×10^3	7,130	380	3,870	最大不足量
6	960	400×10^3	8,090	-560	3,310	
7	2,100	400×10^3	10,190	$-1,700$	1,610	
8	2,000	400×10^3	12,190	$-1,600$	10	
9	1,400	400×10^3	13,590	$-1,000$	-990	
10	180	400×10^3	13,770	$+220$	-770	
11	210	400×10^3	13,980	$+190$	-580	
12	980	400×10^3	14,960	-580		

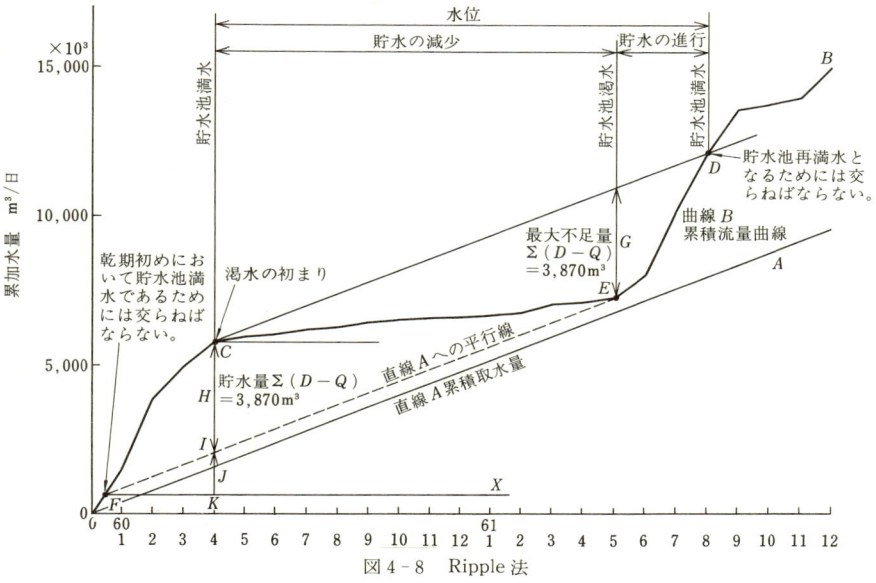

図 4-8 Ripple 法

最大縦距 G として示される。もし，D のような交点が得られない場合は，その期間における供給量が需要量を満たさないことを意味する。すなわち，計画取水量がその河川では無理なことを意味する。また，C 点で貯水池が満水しているかについては，E 点から OA に平行な直線を引き，OB 曲線と交わる点を F とすれば，$CJ=CI+IK$ であり，C 点にいたるまでに $IK=J$ の取水を行っても $CI=H$ だけの流水があった筈である。$H=G$ であるから貯水池は当初満水状態であったことになる。すなわち，OB 曲線と F のような交点が求められればよいということになる。

(6) 水質保全対策

ダム湖は，河川流域にダムを築造して河川水を貯留するものであり，その水質は集水区域の環境，気象，ダム湖の容量，水深等に影響される。ダム湖の水質保全対策は集水区域内での保全対策とダム湖内での保全対策に大別される。

・集水区域内対策としては，下水道整備などの発生汚濁源対策

ダム湖内の水質保全対策としては①湛水区域内樹木伐採，②薬剤散布―硫酸銅，塩素剤，③貯水循環―曝気循環法④底泥浚渫⑤藻類放流⑥ホテイアオイ⑦前ダム等による栄養塩類除去等の方法が考えられる。

4.4 地下水（図4-9）

(1) 自由地下水（浅層水）

自由地下水は，第1不透水層上の，地表に比較的近い，浅い砂れき層中に存在する地下水である。この地下水面（地下水位）は，地層幅の間隙を浸透してくる地下水である。この地下水面（地下水位）は，地層幅の間隙を浸透してくる雨水などにより，水位，水量ともに増減する。水温・水質・水量とも日常の影響を受けやすい。

井戸が不透水層まで達していないものを浅井戸といい，自由地下水の取水施設としては，浅井戸が一般に用いられる。

水質的には，雨水または一旦地表水となったものが地下に浸透したものであり，比較的良好である。ただし，地層や地表の影響を受けている可能性もある。

また，海岸などに近いところでは過剰に汲み上げを行うと，塩水化現象（地

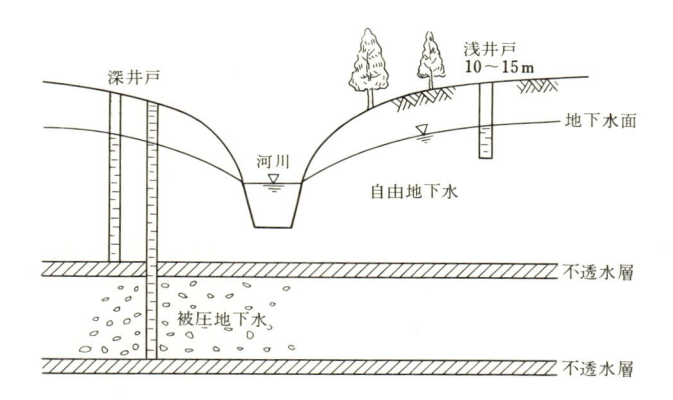

図4-9 地下水

下海水の浸入）を引き起こす可能性もある。

水量的には，地表水に比較してかん養速度が極めて遅いので，適正揚水量範囲内での取水が必要である。

取水施設－浅井戸

自由地下水の取水施設としては，一般に浅井戸が用いられる（図4-10）。

1) 深さは8m以上として，地表水の影響をできるだけ避ける。
2) 井筒方式の場合は，円形または楕円形の鉄筋コンクリート製のものを用いる。ケーシングを用いる場合は，深井戸に準じるような鋼管を用いる。
3) 井戸底部より集水する場合，底部には下から小砂利，中砂利，大砂利を全層約1mの厚さで敷きならす。側壁より集水する場合，側壁に集水孔を最低水位以下に設ける。
4) 立型集水井の井筒の直径は，多孔集水管の突き出し機械が容易に操作できる大きさとする。設置位置は，滞水層の厚さが十分で，透水性の良好な場所とする。

(2) **被圧地下水（深層水）**

被圧地下水は，その帯水層の上部および下部を不透水性の地層によって挟まれていて圧力を有している。場合によっては，地上に自噴するような地下水である。水温は年間を通じて大きな変化はない。水質的には，大地の自浄作用が

図4-10 浅井戸

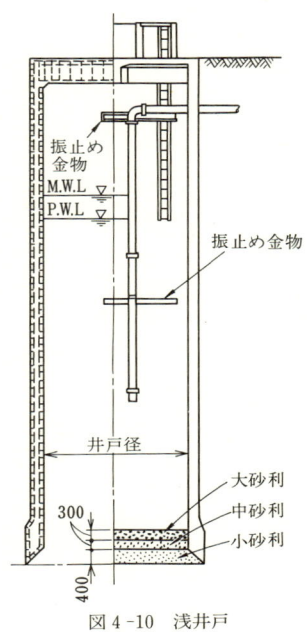

ほぼ完成したもので，一般に成分変化も少なく，良好である。ただし，酸素不足による還元作用を受けていることがある。水量的には，安定しているが，過度に汲み上げると地盤沈下の原因となる。

取水施設－深井戸（主として管井戸を用いる）

地下の被厚帯水層より採水するものとして，採水層に挿入したストレーナーより直接取水する深井戸が一般的に用いられている。深さは30m以上，400mに及ぶものもある。管井戸は，ケーシング（側管），ストレーナー（ウェルスクリーン），およびケーシング内に取り付けた揚水管とポンプからなる（図4-11）。揚水量は，各種の揚水試験等十分な調査を行って決定する。

(3) **湧き水**

地形や地質の関係で，地下水の帯水層が地表に露出し，自然に湧出するものである。湧き水は一般にその帯水層が浅層水か深層水かによって，水質も自ずと異なってくる。どちらの湧き水かは，水温によって判断できる。小規模水道

図4-11 深井戸（管井戸）

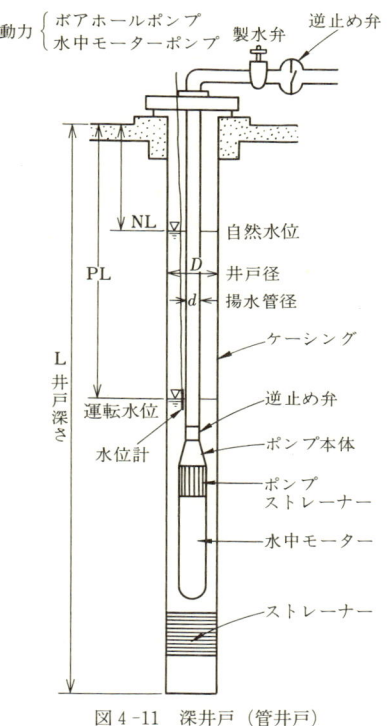

に利用される。

取水施設－湧き水取入れ施設

　水源が崩れたり，汚染を受けないように石組やコンクリートで周囲を保護して，覆蓋を設けるなどの措置を施す。図4-12に湧き水取水施設を示す。

(4) 伏流水

　河川や湖沼の低層内の砂れき層中を流下する水を伏流水という。供給源である河川や湖沼の水質に類似するが，濾過の役をする砂れき層の厚さ，地質，供給源からの距離によっても左右される。小規模水道に利用される。

取水施設－集水埋渠・浅井戸・立型集水井

　集水埋渠を図4-13に示す。

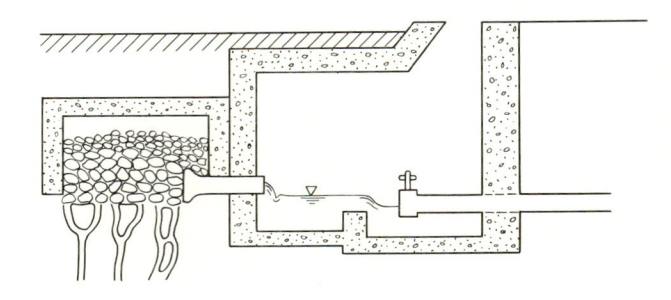

図4-12 湧き水取水施設

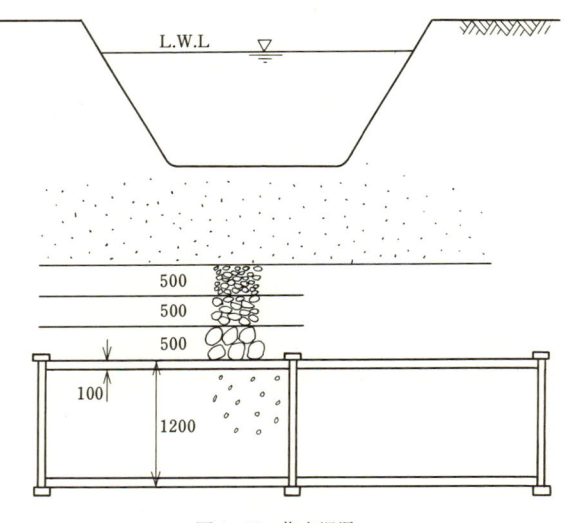

図4-13 集水埋渠

(5) 地下水の水理

   a．自由水面井戸（Thiem の考え方）

仮定

  1．地質は均一。

  2．含水層は無限に広がっている。

  3．汲み上げ開始前の地下水面は水平。

  4．井戸底は不透水槽に到達している。

  5．井戸周囲の同じ円を通過する水量は汲出量に等しい。

4. 水源の種類と特徴

考え方

揚水したために当初の水位 H が h_0 に低下したとする。この水面降下は，井戸から遠ざかるに従って減少し，距離 R では 0 になる。この R を半径とする円を影響円という（図4-14）。

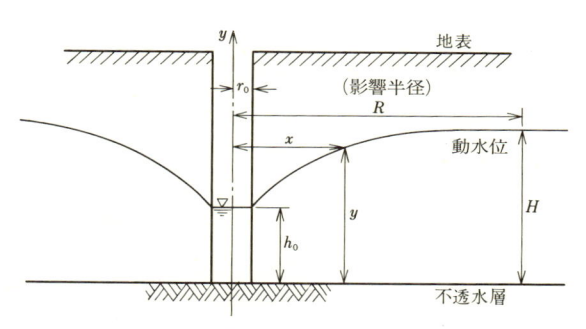

図4-14 自由水面井戸

H：初期水位 h_0：井戸水位
A：水の流入断面積 Q：揚水量
R：影響半径 r_0：井戸半径
v：水の流入速度 I：動水勾配
k：浸透係数

Darcyの法則から

$$Q = A \cdot v = A \cdot kI = A \cdot k\frac{dy}{dx} = 2\pi xy \cdot k \cdot \frac{dy}{dx} \tag{4-2}$$

$$Q \cdot \frac{dx}{x} = 2\pi ky \cdot dy \tag{4-3}$$

これを積分して

$$Q \ln x = \pi k y^2 + C \tag{4-4}$$

境界条件　$x = r_0$　で　$y = h_0$ $\tag{4-5}$

∴　$Q \ln r_0 = \pi k h_0^2 + C$ $\tag{4-6}$

∴　$Q(\ln x - \ln r_0) = \pi k \cdot (y^2 - h_0^2) + C$ $\tag{4-7}$

$$\therefore \quad y^2 = \frac{Q}{\pi k} \cdot \ln \frac{x}{r_0} + h_0^2 \tag{4-8}$$

（4-7）式が，汲み上げ後，定常状態になったときの地下水面の曲線形（4-8）式を表す。さらに，

$x = R$ のとき，$y = H$ より， (4-9)

$$\therefore \quad H^2 = \frac{Q}{\pi k} \cdot \ln \frac{R}{r_0} + h_0^2 \tag{4-10}$$

$$\therefore \quad Q = \pi k \cdot \frac{H^2 - h_0^2}{\ln \frac{R}{r_0}} \tag{4-11}$$

より汲み上げ水量Qを得る。これが揚水量である。

ただし，次のような点に注意すべきである。

(1)　水面低下（$H^2 - h_0^2$）がQに直接比例している。
(2)　Rは直接求めることができない。
(3)　流入速度vが鉛直断面の深さに拘わらず一定。
(4)　$h_0 = 0$のときQが最大となる。

b．被圧水井戸（Thiemの考え方）

2つの不透水層に挟まれている被圧地下水の井戸の場合（図4-15）

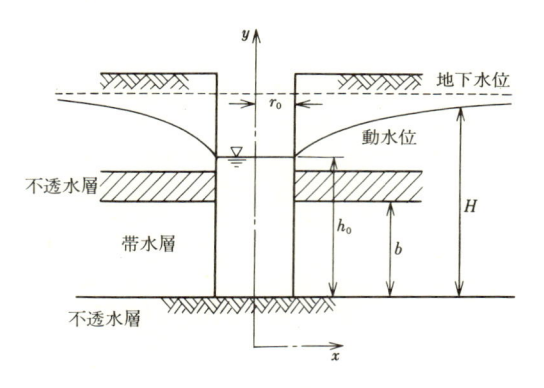

図4-15　被圧地下水井戸

4. 水源の種類と特徴

$$Q = A \cdot v = A \cdot kI = 2\pi x \cdot b \cdot \frac{dy}{dx} \tag{4-12}$$

ゆえに,

$$Q \cdot \frac{dy}{x} = 2\pi k \cdot b \cdot dy \tag{4-13}$$

これを積分して,

$$Q \ln x = 2\pi k \cdot by + C \tag{4-14}$$

境界条件　$x = r_0$　で　$y = h_0$ (4-15)

$$\therefore \quad Q \cdot \ln \frac{x}{r_0} = 2\pi k b (y - h_0) \tag{4-16}$$

水面曲線は

$$\therefore \quad y = \frac{Q}{2\pi kb} \cdot \ln \frac{x}{r_0} + h_0 \tag{4-17}$$

∴　揚水量は　$x = R$ のとき $y = H$ より

$$Q = \frac{2\pi kb(H - h_0)}{\ln \frac{R}{r_0}} \tag{4-18}$$

なお, $h_0 > b$ でなければならない。

c．集水埋渠

前例と同様の仮定と符号を用い, 図に直角の単位長について考える (図4-16)。

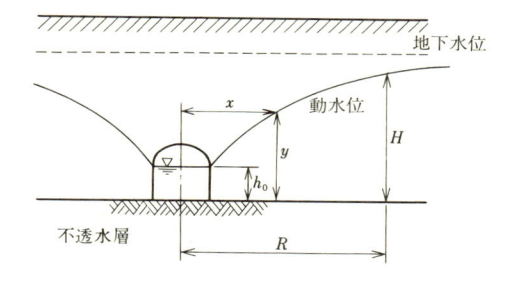

図4-16　集水埋渠

$$Q = A \cdot v = A \cdot kI = 2 \times 1 \times y \cdot k \cdot \frac{dy}{dx} \tag{4-19}$$

ゆえに,
$$Q \cdot dx = 2ky \cdot dy \tag{4-20}$$

これを積分して,
$$Q \cdot x = 2ky^2 + C \tag{4-21}$$

境界条件　$x = r_0$　で　$y = h_0$ (4-22)

$$\therefore \quad C = Q \cdot r_0 - 2k \cdot h_0^2 \tag{4-23}$$

水面曲線は

$$\therefore \quad y^2 = \frac{Q}{2k}(x - r_0) + h_0^2 \tag{4-24}$$

∴　揚水量は　$x = R$ のとき $y = H$ より

$$Q = 2k \cdot \frac{(H^2 - h_0^2)}{R - r_0} \tag{4-25}$$

表4-9に各種の土質の透水係数を示す。

表4-9　各種の土質の透水係数 (k)

	粘　土	シルト	微細砂	砂	中　砂	粗　砂	小砂利
d (mm)	0.00～0.01	0.01～0.05	0.05～0.10	0.10～0.25	0.25～0.50	0.50～1.0	1.0～5.0
k (cm/秒)	3×10^{-6}	4.5×10^{-4}	3.5×10^{-3}	1.6×10^{-2}	8.6×10^{-2}	3.4×10^{-1}	2.8

注）ヘーゼンの式から $T = 10°C$ として計算された自然土の k　　　（水道施設設計指針と解説）
　　我が国における沖積層，洪積層の平均の k は 1×10^{-2} cm/秒，第三紀層の平均の k は 1×10^{-3} cm/秒である。

5. 河川や湖沼の自浄作用

　河川・湖沼中に流入した人為的汚濁物質がその系内で，物理的・化学的・生物的作用によって時間の経過とともに分離・分解・除去されて，元の清純な水に変化すること。

　1）物理的作用

　　　重力沈降，浮上，光照射，曝気，沪過

　2）化学的作用

化学的酸化・還元，吸着，凝集
3）生物学的作用
生物学的酸化・還元，代謝，摂取，捕食，食物連鎖

6. 水資源の開発

国民生活レベルの向上，産業の発達で水需要はますます増大することが考えられる。将来の水需要の増大に対処するには次のような方策が考えられる。

1）河川水の開発

ダムによる河川水の開発

河口堰による取水の安定と貯水

連絡水路による河川相互の流況調整と有効利用

2）地下水の利用（図4-17）

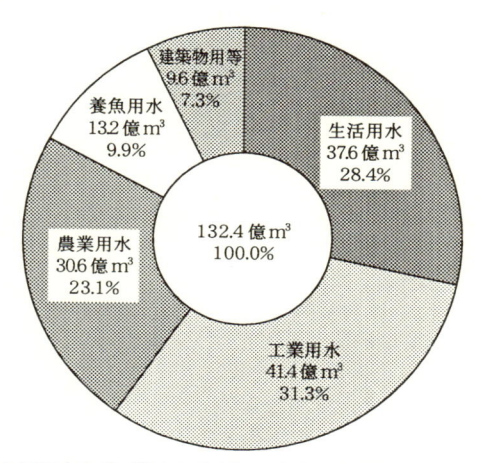

建築物用等 9.6億m³ 7.3%
養魚用水 13.2億m³ 9.9%
農業用水 30.6億m³ 23.1%
生活用水 37.6億m³ 28.4%
工業用水 41.4億m³ 31.3%
132.4億m³ 100.0%

（注） 1. 生活用水及び工業用水（平成10年度の使用量）は国土交通省調べによる推定。
2. 農業用水は，「第4回農業用地下水利用実態調査（平成7年10月～8年9月調査）」（農林水産省）による。
3. 養魚用水は国土交通省調べによる推定。
4. 建築物用等とは冷暖房用及び消雪用であり，環境省「地下水揚水量等実態調査」（昭和46～平成11年度），地方自治体による実態調査等により実態の判明した地下水利用量である。

平成13年版日本の水資源

図4-17 地下水使用の目途別割合

地下水の人工かん養…深井戸，暗渠，雨水浸透
地下ダム

3）下水・産業排水の再生利用

表4-10に我が国における下水処理水の再利用状況の代表例を示す。また，図4-18に雑用水利用のシステム例を示す。

4）海水の淡水化

海水の淡水化は，地球上の水の97％を占める海水より工業技術を活用して水資源を得る方法である。表4-11に各種海水淡水化方式の原理および特徴を示す。

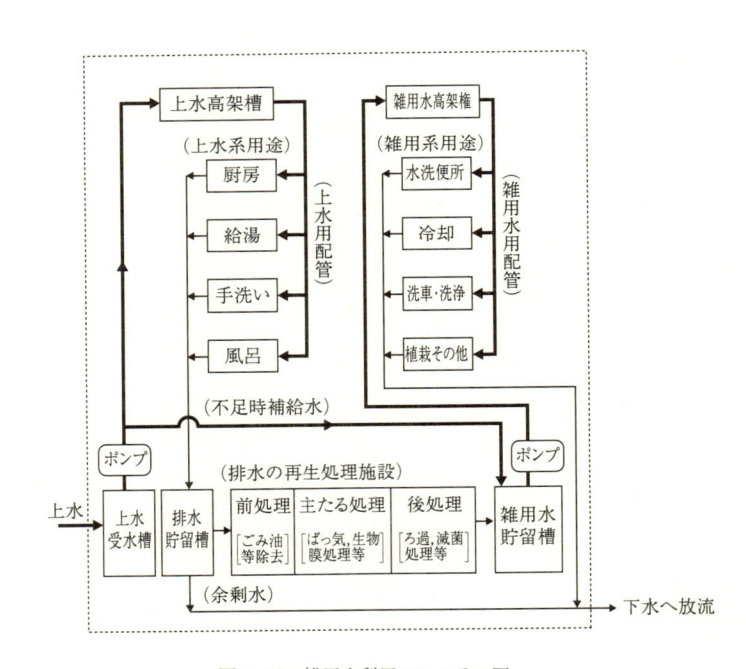

図4-18 雑用水利用のシステム図

6. 水資源の開発

表4-10 下水処理の処理場外再利用の事例（平成10年度）

再利用用途	処理場数	再利用量 (万 m³/日)	代表的事例 処理場名	再利用量 (m³/日)	利用先
水洗便所用水	31	515	福岡市中部水処理センター	3,216	天神,百地,博多地区等
工業用水道へ供給	4	787	名古屋市千年下水処理場	15,721	名古屋市水道局
事業場等へ直接給水	31	1,753	呉市浄化センター	2,173	し尿処理場
農業用水	18	1,814	熊本市中部浄化センター	37,056	土地改良組合
環境用水	65	7,428	東京都落合処理場	74,480	目黒川,呑川等
植樹帯散水	51	126	神戸市東灘処理場	204	周辺緑地,街路樹等
融雪用水	22	2,336	旭川西部下水終末処理場	70,000	旭川市土木部雪対策課
その他	40	1,035	横浜市北部第一処理場	110	廃棄物資源公社
計	169	約1.6億 m³			

（注） 国土交通省調べ

平成13年版日本の水資源

表4-11 各種海水淡水化方式の原理および特徴

方式	原理	特徴	方式別割合(%) 生活用	方式別割合(%) 工業用
蒸発法	海水を加熱して蒸発させ,発生した水蒸気を冷却して淡水を得る方法。	スケールメリットが効く方式であり,エネルギー多消費型であることから産油国向きの技術である。	3.9	27.5
逆浸透法	水は通すが,塩分は通さない半透膜で容器を仕切り,その片側に海水を入れ海水に圧力を加えることによって淡水だけを透過させる方法。	電気消費量が少なく,省エネルギー型技術である。 塩分濃度が低いかん水の淡水化を行う場合には造水コストの低減が可能となる。	88.0	72.5
電気透析法	陽イオン交換膜と陰イオン交換膜の間に海水を通し,両膜の外側から直流電圧をかけることにより,膜を通して海水中の塩素イオンとナトリウムイオンを除去して淡水を得る方法。	塩分濃度が低いかん水の淡水化を行う場合には造水コストの低減が可能となる。 温度の高い海水を淡水化する場合にも,淡水化の効率が上昇して造水コストの低減が可能となるため排熱との組合せが検討されている。	8.1	0
LNG冷熱利用法	LNG(液化天然ガス沸点-162℃)を用いて海水を凍結させ,氷を融かして淡水を得る方法。 (海水を凍結させると塩分を含まない氷ができる。)	現在ほとんど利用されていないLNGの冷熱を有効利用することにより,少ないエネルギーで淡水を得ることが可能となる。 適用地域がLNG基地周辺に限られる。	0	0
透過気化法	水蒸気は通すが液体の水は通さない透過気化膜で容器を仕切り,その片側に海水を入れ,水蒸気のみを透過させて淡水を得る方法。	省エネルギー化が十分進んでおり,排熱の有効利用が可能であることから,太陽熱等利用し得る排熱が十分に存在する地域に最適な技術である。	0	0
計			100	100

(注) 1. (財)造水促進センター調べ。
 2. 方式別割合は我が国の造水能力割合で,平成13年3月現在(生活用:10m³/日以上,工業用:1,000m³/日以上のもの)。

平成13年版 日本の水資源

第5章　導　水

1.　あらまし

　水源から取水した原水を浄水場まで水を運ぶことを導水という（図5-1）。始点（取水地点）と終点（浄水場）の水位差が大きすぎるときには，途中に急下水路を設けたり，接合井間を管路として，制水弁で調整して導水する方式がとられる。

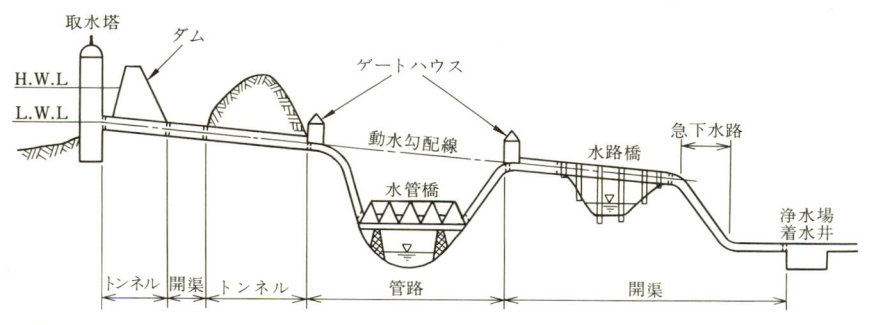

図5-1　導水路線縦断図
（水道施設設計指針・解説より参考作図）

2.　計画導水量

　計画導水量は計画取水量を基準とする。ただし，将来の拡張の可能性のある場合には，施設計画にあたって取水量増加を考慮した方が有利である。

3.　導水方式

　導水方式は，始点となる取水地点と終点である浄水場の間の水位関係や地形の条件によって，次のように示される。

　　　水位関係から　　自然流下式
　　　　　　　　　　　ポンプ加圧式
　　　水理学的に　　　開水路式（導水渠）

管水路（導水管）

水路上面保護暗渠（導水渠），トンネル（導水渠），管路（導水管）開渠（導水渠）

4. 導水渠
4.1 特　徴
　原水を開水路により導く施設で，自由水面を有し，重力の作用で勾配により水が流れるものである。開渠・暗渠・トンネル等がある。開水路式は，通常 $1/1,000 \sim 1/3,000$ の水面勾配と，同じ均一な勾配で導水渠を布設するものである。

　積雪寒冷地では必ず，その他の所でもなるべく暗渠とする。構造はコンクリートまたは鉄筋コンクリート造りとする。

利点　：　(1) 大規模導水には有利
　　　　　(2) 構造が簡単で，導水が安全・確実
欠点　：　(1) 一定の緩勾配を要し，水路延長が長くなる可能性がある。
　　　　　(2) 小流量には不利
　　　　　(3) 断面積が大きくなり，建設費が高くなる。

4.2 構　造
　開渠および暗渠は構造上安全で，十分な水密性，耐久性を必要とする。一般に用いられる導水渠の断面形を図5-2に示す。

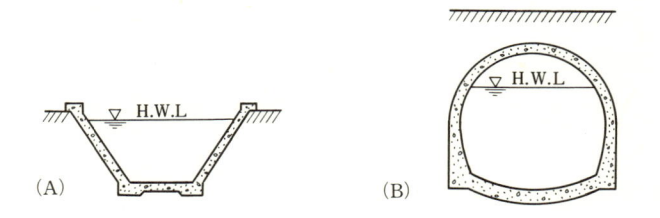

図5-2　導水渠(A), (B)

4. 導水渠

図5-2 導水渠(C)，(D)，(E)

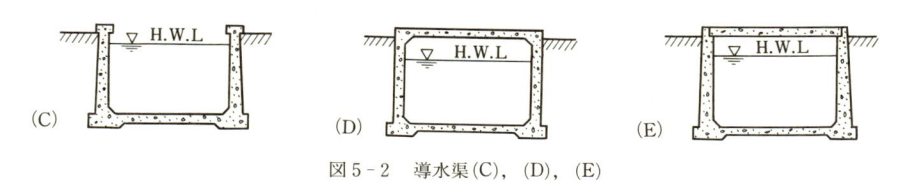

4.3 導水渠の水理

流速範囲…水路面が摩耗しないような最大流速（モルタル・コンクリートでは3.0m/秒，鋼・鋳鉄，硬質塩化ビニルでは6.0m/秒）と砂粒が水路に沈澱しない最小流速（0.3m/秒）の範囲とする。

等流に近い人工水路として，等流と扱ってよいものとし，平均流速公式はGanguillet－Kutter公式またはManning公式が使用される。

Ganguillet－Kutter 公式

$$v = \frac{23 + \frac{1}{n} + \frac{0.00155}{I}}{1 + (23 + \frac{0.00155}{I}) \cdot \frac{n}{\sqrt{R}}} \sqrt{RI} \qquad (5-1)$$

Manning 式

$$v = \frac{1}{n} I^{1/2} R^{2/3} \qquad (5-2)$$

流量Qは次式となる。

$$Q = A \cdot v \qquad (5-3)$$

ここに，　Q：流量　　　　　　　　　　（m³／秒）
　　　　　v：平均流速公式　　　　　　（m／秒）
　　　　　R：径深（＝断面積／潤辺長）（m）
　　　　　I：水面勾配　　　　　　　　（－）
　　　　　n：粗度係数（＝0.013〜0.015）（－）
　　　　　A：流水断面積　　　　　　　（m²）

4.4 路　線

路線選定にあたっては，paper locationと実地踏査を行って，幾つかの比較

路線について総合的に判断する。また、地形的に、斜面部、法肩、法先および盛土等の地盤不安定な箇所はなるべく避ける。

4.5 付帯事項

(1) 伸縮継手

開渠および暗渠には、10～20 m 間隔で伸縮継手を設置する。また、地質の変化するところ、接合井、橋、堰、人孔、ゲート等の前後には不同沈下に対処可能なように、たわみ性の大きい伸縮継手を設ける（図5-3）。

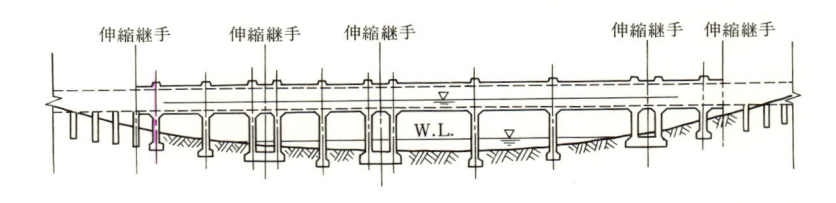

図5-3 鉄筋コンクリート水路橋

(2) トンネル

水路延長を大きく短縮し、水頭の損失を少なくする上でも有利な導水施設であり、比較的多く築造される。コンクリート巻きを原則とし、設計、施工にあたっては土木学会トンネル標準示方書に従う。

(3) 水路橋

導水渠が河川や谷間を横断するような場合には橋を設け、上部構造を水路として導水する。水路は、水密性、耐久性のある鉄筋コンクリート、プレストレストコンクリート、鋼製等のものを用い、水路を橋桁として考えるのが普通である（図5-4）。

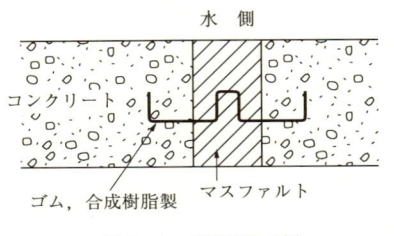

図5-4 伸縮継手の例

5. 導水管

5.1 特徴

原水を管水路によって導く施設で，最低動水勾配線以下に管水路を設置することにより，水路内を圧力水が満管状態で流れる。導水路を短くでき，建設費も節減できるが，水量が多い場合には不利となる（図5-5）。

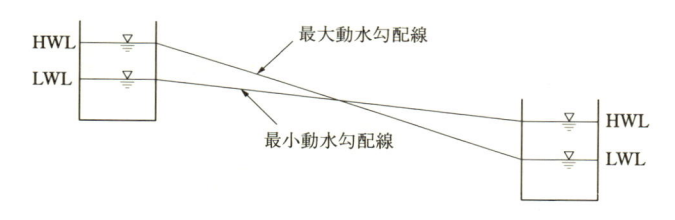

図5-5 動水勾配線

5.2 管種

管種の選定については，内圧，外圧に対する安全性，施工性，水質への影響等を考慮することが必要であるが，一般に次のようなものが用いられる。

ダクタイル鋳鉄管（内面モルタルライニング）

鋼管（塗覆装鋼管）

硬質塩化ビニル管

プレストレストコンクリート管

遠心力鉄筋コンクリート管

5.3 導水管の水理

流速範囲…管内面が摩耗されない最大流速（モルタルまたはコンクリートでは3.0 m/秒，モルタルライニングシールコートでは5.0 m/秒，鋳鉄または硬質塩化ビニルでは6.0 m/秒）以下，砂粒が管内に沈澱しないような最小流速(0.3 m/秒) 以上とする。

流量公式…わが国で一般に用いられる管水路の流量公式は，Hazen－Williams 公式が最も代表的である。

$$v = 0.35464 \cdot C \cdot D^{0.63} \cdot I^{0.54} \tag{5-4}$$

$$Q = 0.27853 \cdot C \cdot D^{2.63} \cdot I^{0.54} \qquad (5-5)$$
$$D = 1.6258 \cdot C^{-0.38} \cdot Q^{0.38} \cdot I^{-0.205} \qquad (5-6)$$
$$I = 10.666 \cdot C^{-1.85} \cdot D^{-4.87} \cdot Q^{1.85} \qquad (5-7)$$
$$C = 3.5903 \cdot Q \cdot D^{-2.63} \cdot I^{-0.54} \qquad (5-8)$$

ここに，v：平均流速　　　　(m/秒)　　Q：流量　　(m³/秒)
　　　　I：動水勾配($=h/L$)　(－)　　L：管渠延長(m)
　　　　h：摩擦損失水頭　　　(m)　　C：流速係数(－)
　　　　D：管内径　　　　　　(m)　　R：径深　　(m)

管径…導水管の管径算定に当たっては，最小動水勾配に対して算定しておくために，始点の水位を低水位(L.W.L.)とし，終点の水位を高水位(H.W.L.)として行う。

なお，流速係数 C については，鋳鉄，鋼鉄で100，モルタルライニング鋳鉄管，塗覆装鋼管，硬質塩化ビニル管で110 とするが，屈曲損失等を別途に計算するときには直線部の C の値を 130 にすることができる。なお，図5-6に Hazen－Williams の公式図表（水道施設設計指針解説より）を示す。

〔例題〕　A，B両貯水池間（距離3 km，高低差15 m）をダクタイル鋳鉄管を用いて流量0.4 m³/秒の原水を導水するために必要な管径を H－W 式を用いて求めよ。ただし，$C=110$ とする。

管径 D は次式で与えられる。
$$D = 1.6258 \cdot C^{-0.38} \cdot Q^{0.38} \cdot I^{-0.205}$$
$$I = 15 \text{ m}/3{,}000 \text{ m} = 0.005$$
$$\therefore\ D = 1.6258 \times 110^{-0.38} \times 0.4^{0.38} \times 0.005^{-0.205}$$
$$= 1.6258 \times 0.1676 \times 0.7060 \times 2.693 = 0.5699$$

したがって，管径600 mm を用いればよい。

5.4　路線の選定

原則として，公道，水道用地に布設する。

管路は，水平，鉛直とも急激な屈曲をさけ，いかなる場合にも最小動水勾配線以下となるように路線を選定する。導水勾配線より管路が上に位置すると，その部分で管内圧が大気圧より小となり，水中の空気が分離して集まり，通水を妨げる。また，継手のゆるみ，亀裂等があると，管外の雨水や汚水が管内に

5. 導水管

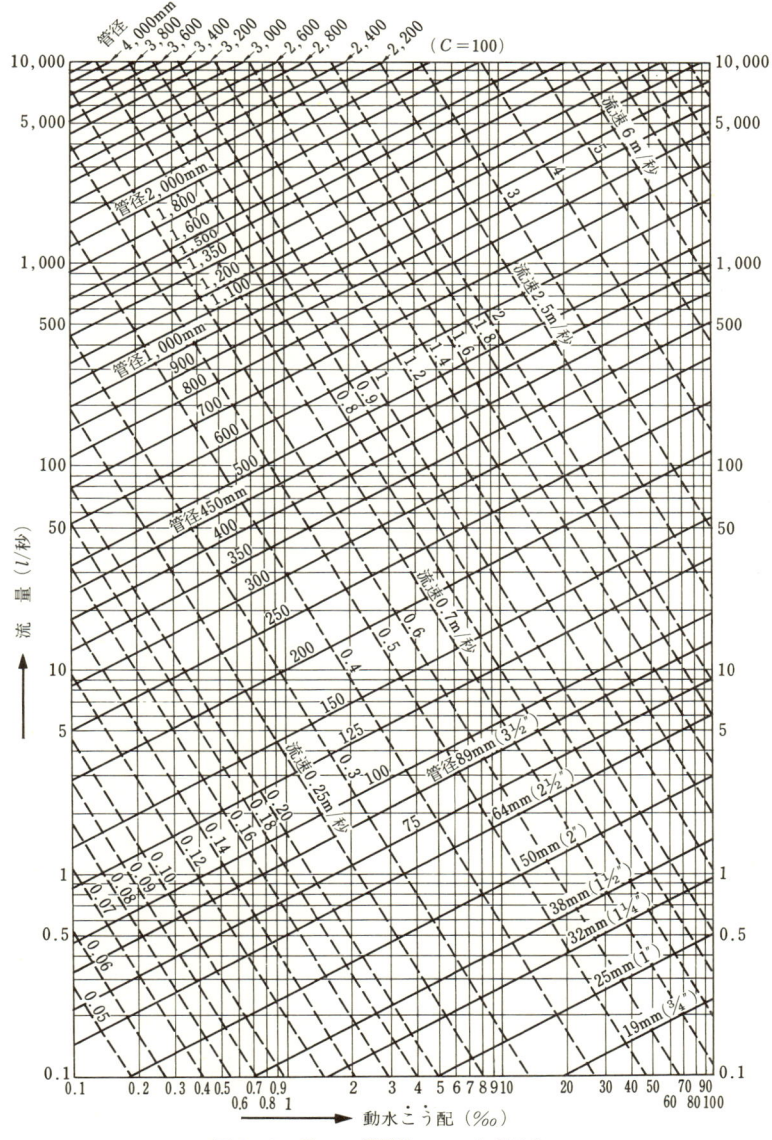

図 5-6 Hazen-Williams の公式図表

流入して衛生的にも好ましくない。

　図 5-7 には接合井の設置と上流側の管径を大とし，下流側の管径を小とする

(A) 自然流下式導水管路

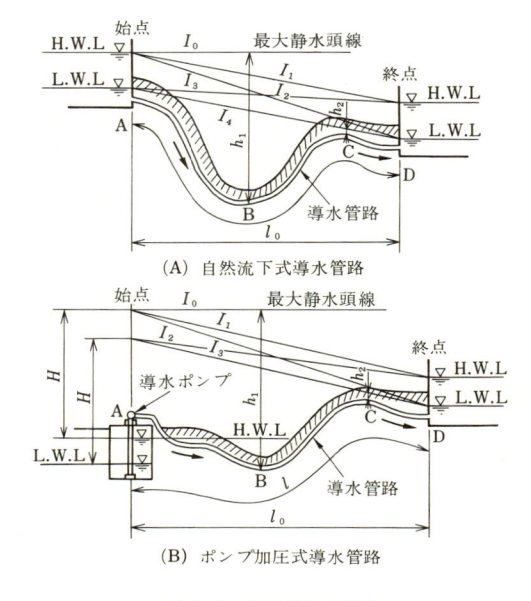

(B) ポンプ加圧式導水管路

図5-7　導水管路勾配線

ことによって動水勾配線を上昇させる例を，図5-8は上流側の管径を大とし，下流側の管径を小とすることによって動水勾配線を上昇させる例を，図5-9には接合井の設置による水圧軽減法を示す（水道施設設計指針解説より）。

5.5　付帯事項

(1)　接合井

主として管路の水圧を調整する目的で接合井を設ける。設置位置は，実際に作用する静水圧が，管種の最大使用静水頭以下となる高さとする。また，接合井上流側管内の流速が大きいときは，流出管に空気が混入することのないよう井中に阻流壁を設けて流速を低下させるようにする。また，流出管の位置も低水位から管径の2倍以上低く設ける（図5-10）。

(2)　制水弁

導水管の始点，終点に管内の流水の停止と水量の調整を目的とする制水弁を必ず設ける。軌道横断，河川横断などの重要な箇所にはできるだけその前後に設ける。これ以外の箇所でも，路線設置1～3kmごとに設置する。制水弁とし

5. 導水管

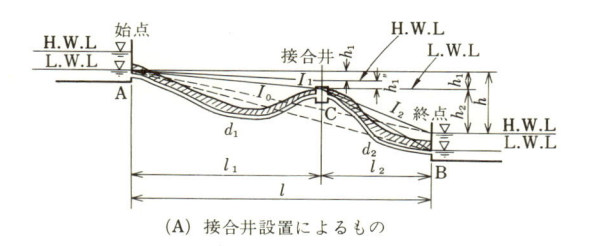

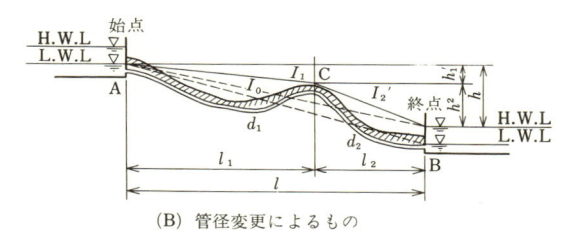

(A) 接合井設置によるもの

(B) 管径変更によるもの

図5-8　動水勾配線上昇法

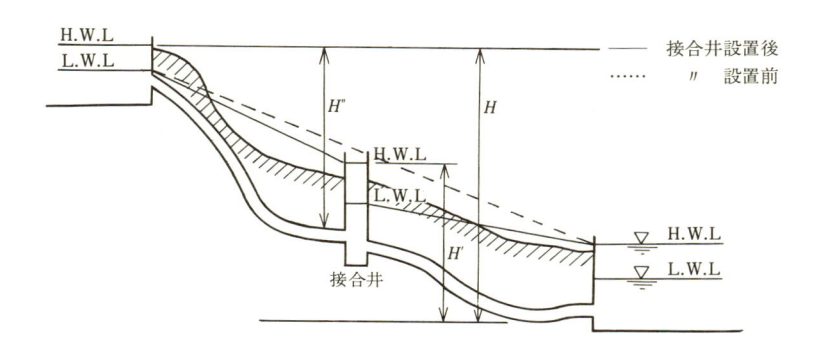

図5-9　接合井設置による導水管水圧軽減法

ては，仕切弁とバタフライ弁が多く用いられる。

(3) 空気弁

導水管路内からの空気の排除と管内への空気の送入を目的として，管路の凸部または高い位置にある制水弁の直下に空気弁を設ける。

(4) 排水設備

管底に集積する砂泥等を排出させたり，管内清掃，停滞水の排除等のために排水設備を設ける。

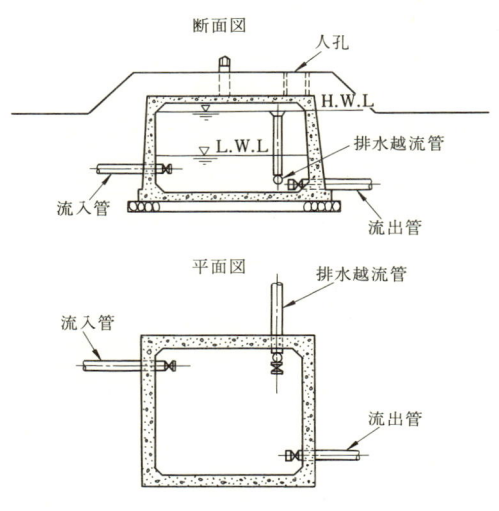

図5-10 接合井

　泥吐き管は管路の凹部に設ける。また，管内をからにするために，泥吐き管と吐口の途中に排水ますを設ける（図5-11）。

▲ 泥吐管
○ 空気弁
⇩ 制水弁

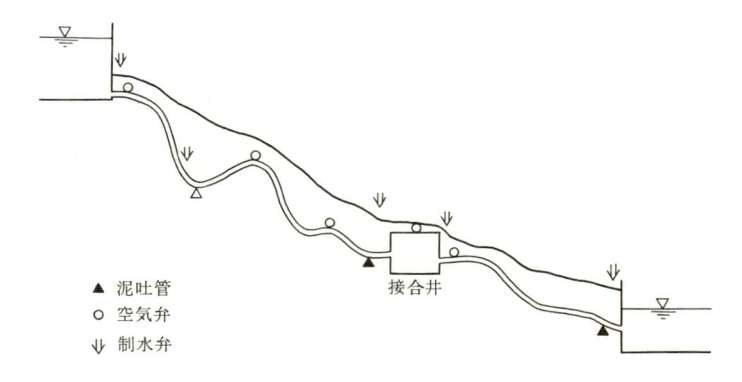

図5-11 泥吐管，空気弁，制水弁の設置例

(5) 人孔

　管径800 mm以上の管路には，管路の内部点検，修理のため，事故の可能性の高い水管橋，伏越，制水弁その他必要な場所に人孔を設置しなければならない。

5. 導水管

(6) **伸縮継手**

管内の水や外気の温度変化による管路の伸縮に対応させるために，次のような場合に伸縮継手を設ける。管の種類により種々の伸縮継手が開発されている。

1) 伸縮自由でない継手を用いた管路の露出部には，20～30 m ごとに伸縮継手を設ける。
2) 水道用鋼管には必要に応じて設ける。
3) TS継手を用いた硬質塩化ビニル管路の場合には必要に応じて設ける。
4) 水道橋，伏せ越し，その他不同沈下のある箇所には，たわみ性の大きい伸縮継手を設ける。
5) 管の種類により，種々の伸縮継手が開発されている。

(7) **管の基礎**

軟弱地盤，地層の急に変化するところ，急傾斜地等に管を布設する場合には，基礎工を始めとして管の保護工を行う。

(8) **異形管防護**

曲管，T字管等の異形管は管内の水圧による不平均力を受け，管が移動したり，継手部が離脱するのを防止するために，コンクリートブロックなどによる管の防護をする（図5-12）。

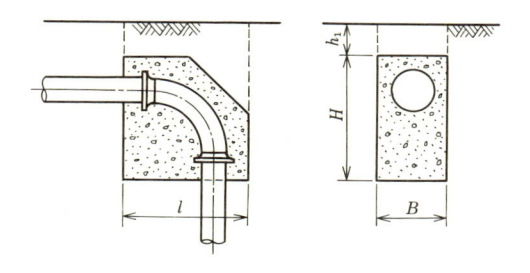

図5-12 異形管防護の例

(9) **軟弱地盤，液状化のおそれのある地盤における管の布設**

軟弱地盤に管を布設する場合には，管の不同沈下に耐えられる強度と継手性能を有する管種を選ぶ。さらに沈下を抑制するために必要に応じて地盤改良，

杭打ち等の措置を講じる。砂質地盤で地下水位が高く，地震時に間隙水圧の急激な上昇による液状化の可能性の考えられる場合には，適切な管種の選定と地盤改良を講じる。

(10) 電触防護

直流電気鉄道等からの迷走電流による電触を防止するため，適切な措置をすることが必要である。

(11) 水圧試験

工事施工の完全度，水密性，安全性を確認するために，水圧試験を行うことが望まれる。

(12) 水管橋および橋梁添架

1）パイプビーム水管橋

高張力鋼の開発，溶接技術の進歩に伴い，水道管自体を桁としてリングサポート等の指示構造物により支える方式。簡易で経済的な方式である（図5-13）。

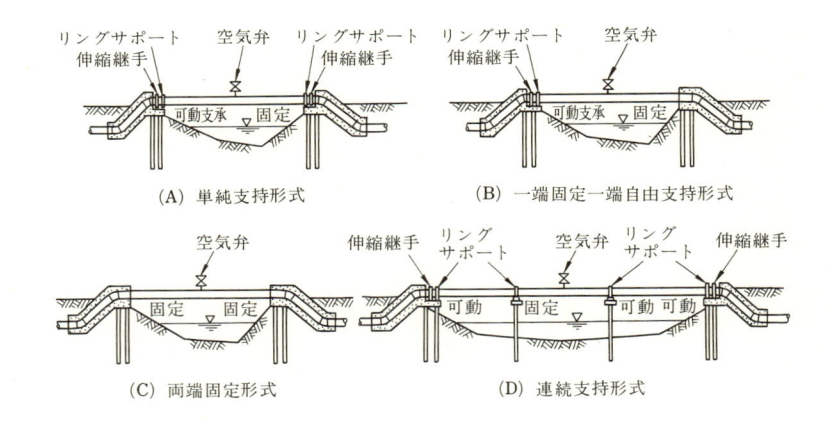

(A) 単純支持形式
(B) 一端固定一端自由支持形式
(C) 両端固定形式
(D) 連続支持形式

図5-13 パイプビーム水管橋

2）補剛水管橋

フランジ，トラス，タイロッド，ランガー補剛等の補剛材で管体の強度，または剛性の不足を補って水管橋とするもの（図5-14）。

5. 導水管

(A) フランジ補剛形式　　T字形補剛材　スティフナー

(B) トラス補剛形式

(C) タイロッド補剛形式　　タイロッド

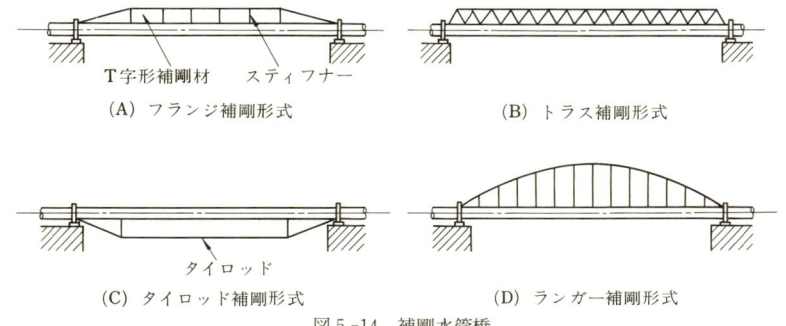

(D) ランガー補剛形式

図5-14　補剛水管橋

⒀　**河底伏せ越し**

　河底横断の伏せ越し管は，河床が地盤軟弱であること，事故の発見や修理が困難であることなどから，できるだけ避けることが望ましい。やむを得ず伏せ越しを設ける場合には，

　　1）必要に応じて2条以上とし，相互にできるだけ離して布設する。

　　2）埋設深さ，延長，工法については，関係当局と十分協議する。

　　3）基礎の安定や不同沈下への対応可能な構造とする。また，管の防護に十分な配慮が必要である。

⒁　**防寒工**

　東北・北海道地区では，寒冷期に土地が地表から深さ方向に向かって凍結し，導水などに悪影響を及ぼす。管渠の布設に際しては，この影響を十分に考慮する必要がある（図5-15凍結深度）。

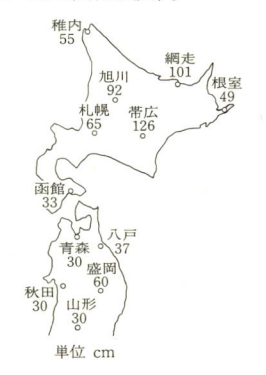

稚内 55
網走 101
旭川 92
根室 49
札幌 65
帯広 126
函館 33
八戸 37
青森 30
盛岡 60
秋田 30
山形 30
単位 cm

図5-15　凍結深度

第6章 浄 水

1. 浄水施設の概要

浄水施設は，沈殿池，沪過地，消毒設備，その他の設備によって水源から導水された原水を，水質基準に適合するように浄化する施設であり，水道施設の中枢である。原水の水質によって浄水方法の選択と組合せが決まってくる。

1.1 原水水質調査

取水地点について少なくとも月1回，1年以上にわたり原水について水質調査を行う。調査項目としては原水－浄水施設の検討…pH，アルカリ度，濁度，BOD，COD，細菌群，T－N，T－P，トリハロメタン生成能，有毒・有害物質，クリプトスポリディウム類など

1.2 計画浄水量

計画1日最大給水量を基準とし，必要に応じて，浄水場内の作業用水・雑用水，その他の損失水量などの作業用水を見込むものとする。

1.3 浄水方法の選定の目安

浄水方法は，原水の水質，浄水量，用地取得の難易，建設費，維持費，維持管理の難易，管理水準等を考慮して，次の各方式のうちから適切なものを選定し，必ず消毒設備を設ける。

　イ）塩素消毒だけの方式

　ロ）緩速沪過方式

　ハ）急速沪過方式

　ニ）膜沪過方式

表6-1に処理対象物質と処理方法を示す。

1.4 浄水方式の施設構成

浄水方式の基本的施設構成は，次の図6-1に示す通りである。

1. 浄水施設の概要

表6-1 処理対象物と処理方法

処理対象項目		処理対象物質	処理方法
不溶解性成分	濁度		緩速沪過方式[注1]，急速沪過方式（直接沪過）[注2]，膜沪過方式[注3]
	藻類		膜沪過方式，マイクロストレーナ，浮上分離（急速沪過方式の中で二段凝集，多層沪過等の対応方法がある）
	微生物	クリプトスポリジウム	緩速沪過方式，急速沪過方式，膜沪過方式，オゾン
		一般細菌，大腸菌群	塩素，オゾン
溶解性成分	臭気	かび臭	活性炭，オゾン，生物処理
		その他の臭気[注4]	活性炭，オゾン，エアレーション，塩素[注5]
	消毒副生成物	トリハロメタン前駆物質[注6]	緩速沪過方式，急速沪過方式，膜沪過方式，オゾン，活性炭
		トリハロメタン	活性炭，酸化，消毒方法の変更[注7]
	陰イオン界面活性剤		活性炭，オゾン，生物処理
	トリクロロエチレン他		エアレーション（ストリッピング），活性炭
	農薬[注8]，その他		活性炭，オゾン，塩素
	無機物	鉄	前塩素処理，中間塩素処理，エアレーション，鉄細菌利用法，生物処理
		マンガン	酸化（前塩素処理，中間塩素処理，オゾン，過マンガン酸カリウム）処理と沪過，生物処理
		アンモニア性窒素	塩素（ブレークポイント塩素処理），生物処理
		硝酸性窒素	イオン交換，膜処理（逆浸透），電気透析，生物処理（脱窒）
		フッ素	凝集沈殿，活性アルミナ，骨炭，電気分解
		硬度	晶析軟化，凝集沈殿
		浸食性遊離炭酸	エアレーション，アルカリ剤処理
	色度	腐食質	凝集沈殿，活性炭，オゾン
	ランゲリア指数[注9]		アルカリ剤処理，炭酸ガス，消石灰併用法

[注1] 原水濁度がおおむね10度以下で安定している場合。ただし，原水濁度の上昇に対して，沈殿処理または一次沪過設備を緩速沪過の前に追加して対応できる。
[注2] 原水濁度がおおむね10度以下で安定している場合は，凝集処理のみで急速沪過を行う方式（直接沪過）とすることができる。
[注3] この表では膜沪過方式は精密沪過（MF）及び限外沪過（UF）をいう。中・高濁度の原水の処理には，一般的に前処理が必要。
[注4] 臭気の原因物質により，有効な処理方法が異なる。
[注5] アミン類のように塩素と結合して臭気が強くなるものがあるので注意を要する。
[注6] 沪過方式で除去できるトリハロメタン前駆物質は懸濁性のものに限る。
[注7] この表では，酸化，消毒方法の変更とは，前塩素処理方式から中間塩素処理への変更，前塩素・中間塩素処理からオゾン等他の酸化剤への変更及び遊離塩素から結合塩素への消毒方法の変更をいう。
[注8] 農薬の種類によって処理が異なる（詳細については，水道維持管理指針10，水質管理参照(p.689)）
[注9] ランゲリア指数の改善は直接の処理対象物質ではないが，この欄に含めて記載した。

(A) 塩素消毒のみの方式

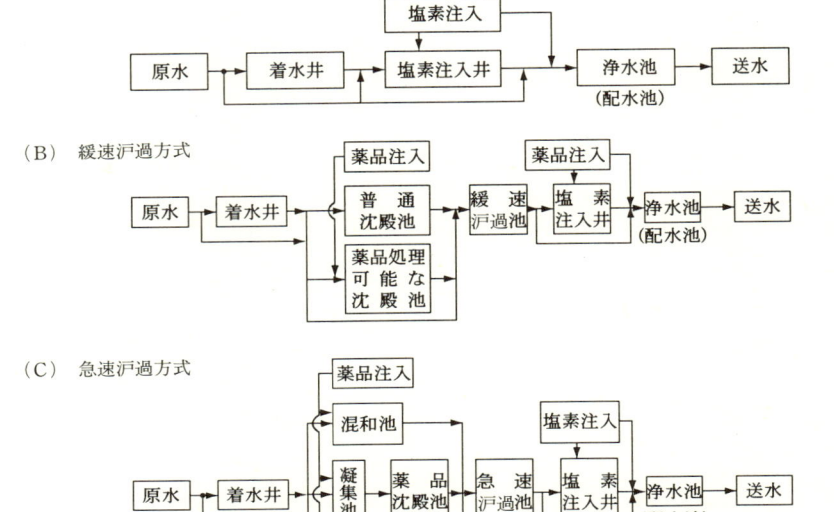

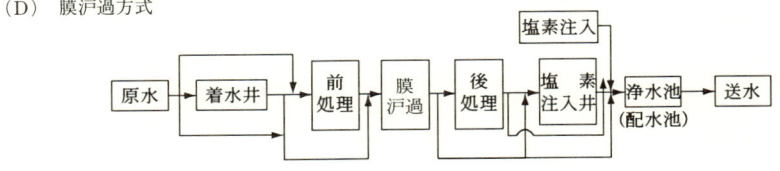

原水 → 着水井 → 塩素注入井 → 浄水池（配水池） → 送水
（塩素注入）

(B) 緩速沪過方式

原水 → 着水井 → 普通沈殿池／薬品処理可能な沈殿池 → 緩速沪過池 → 塩素注入井 → 浄水池（配水池） → 送水
（薬品注入、薬品注入）

(C) 急速沪過方式

原水 → 着水井 → 混和池／凝集池／薬品沈殿池／高速凝集沈殿池 → 急速沪過池 → 塩素注入井 → 浄水池（配水池） → 送水
（薬品注入、塩素注入）

(D) 膜沪過方式

原水 → 着水井 → 前処理 → 膜沪過 → 後処理 → 塩素注入井 → 浄水池（配水池） → 送水
（塩素注入）

図6-1 浄水方式の基本的構成

日本水道協会：水道施設設計指針2000

2. 着水井

2.1 目 的

(1) 導水施設を経て流入する原水の水位の動揺を安定させる。

(2) 原水流量の把握と調節浄水作業（薬品注入，沈殿，沪過等）を円滑，正確かつ容易に安定して進める。図6-2に着水井を示す。

3. 沈殿池

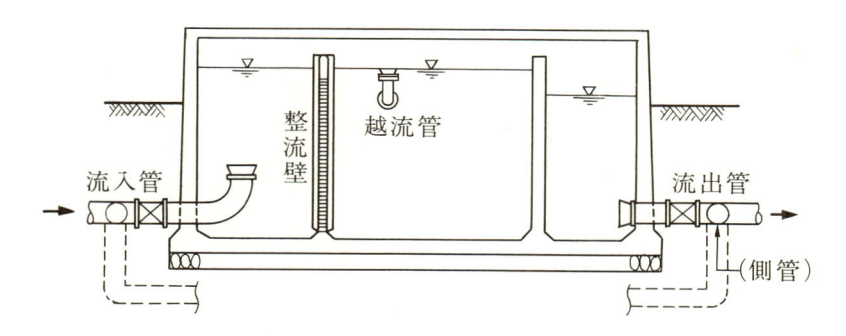

図6-2 着水井

2.2 設備諸元
(1) 滞留時間は1.5分以上とし，水深は3.0～5.0m程度とする。
(2) 形状…長方形または円形。
(3) 堰または流量計等の量水装置を設ける。

2.3 付帯設備
(1) 流入口に制水弁を取り付ける。
(2) 越流管または越流堰を取り付ける。
(3) 必要に応じてスクリーンを設置する。
(4) 必要に応じて側管を設置する。

3. 沈殿池
3.1 沈殿の理論
(1) 単粒子沈降の理論

直径d（cm），密度ρ_p（gr/cm³）の粒子が密度ρ_f（gr/cm³）の液体中を沈降するとき，粒子の沈降開始後t（sec）後の速度をu（cm/sec），gを重力の加速度（cm/sec²），vを動粘性係数（cm²/sec），μを粘性係数（gr/cm/sec）とすると，粒子に作用する力は（図6-3），

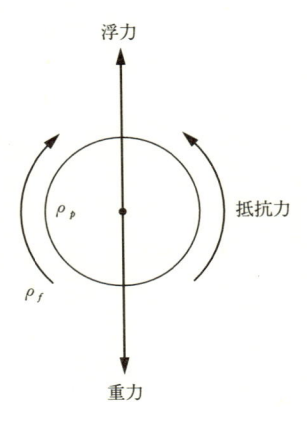

図6-3 単粒子の沈降

下向きに重力

$$\frac{\pi}{6}d^3 \cdot \rho_p \cdot g \tag{6-1}$$

上向きに浮力

$$\frac{\pi}{6}d^3 \cdot \rho_f \cdot g \tag{6-2}$$

上向きに流体から受ける抵抗力　　R_f \tag{6-3}

があり，粒子沈降の運動方程式は，次式となる。

$$\frac{du}{dt} = \frac{\pi}{6}d^3 \cdot \rho_p \cdot g - \frac{\pi}{6}d^3 \cdot \rho_f \cdot g - R_f \tag{6-4}$$

また，流体から受ける抵抗力R_fは，球の場合，次式で与えられる。

$$R_f = C_D \cdot \frac{\rho_f}{2} \cdot u^2 \frac{\pi d^2}{4} \tag{6-5}$$

ただし，C_Dは形状抵抗係数。

加速度がなくなって，一定速度（終速度）で沈降するようになると

$$\frac{du}{dt} = 0 \tag{6-6}$$

3. 沈殿池

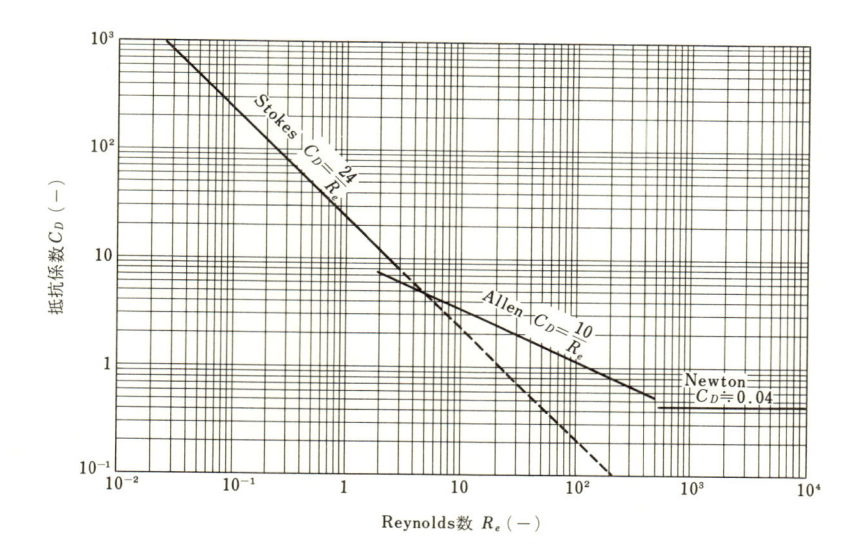

図6-4 レイノルズ数と抵抗係数

となり、沈降速度は次のように得られる。

$$\frac{\pi}{6}d^3 \cdot (\rho_p - \rho_f)g = C_D \cdot \frac{\pi}{8} \cdot \rho_f \cdot d^2 \cdot u^2 \tag{6-7}$$

$$u^2 = \frac{4}{3} \cdot g \cdot d \frac{(\rho_p - \rho_f)}{\rho_f} \tag{6-8}$$

液体中の抵抗係数C_DはReynolds数の関数であり、一般に次式で表される。

$$C_D = \frac{b}{R_e^n} \tag{6-9}$$

$$R_e = \frac{d \cdot u}{\nu} = \frac{d \cdot u \cdot \rho_f}{\mu} \tag{6-10}$$

さらに、抵抗係数C_DはReynolds数を大きさによって、次の3つの範囲に分けられる（図6-4）。

$R_e < 2$

$$C_D = \frac{24}{R_e{}^n} \tag{6-11}$$

$$u = \frac{(\rho_p - \rho_f) g \cdot d^2}{18\mu} \quad (\text{Stokes の式}) \tag{6-12}$$

$2 < R_e < 500$

$$C_D = \frac{10}{R_e{}^{1/2}} \tag{6-13}$$

$$u = \frac{4(\rho_p - \rho_f)^2 \cdot g \cdot d^2}{225 \rho_f \cdot \mu} \quad (\text{Allen の式}) \tag{6-14}$$

$500 < R_e$

$$C_D = 0.44 \tag{6-15}$$

$$u = \frac{4(\rho_p - \rho_f)^2 \cdot g \cdot d^2}{225 \rho_f \cdot \mu} \quad (\text{Newton の式}) \tag{6-16}$$

一般に水道で用いられる沈殿池での除去を考える場合の対象となる粒子の径は小さく，ほぼ $R_e \leq 2$ の範囲であると考えてよい。なお，抵抗係数 C_D については，Reynolds 数が $0.5 \sim 10^4$ の範囲について

$$C_D = \frac{24}{R_e} + \frac{3}{R_e} + 0.34 \tag{6-17}$$

を与える考え方もある。

〔例題〕 水温 18℃，水の動粘性係数 $\nu = 0.00101 \text{ cm}^2/\text{sec}$ のとき，次の粒子の沈降速度を求めよ。

$d = 2 \times 10^{-2}$ cm，比重 2.65

ヒント：各式 (6-12)，(6-14)，(6-16) により沈降速度 u を求め，R_e 数についてチェックする。

3.2 理想沈殿池の理論 —— 押し出し流れの場合

沈殿池に流入する原水中の浮遊物（除去対象物質）の沈殿除去に関し，次のように考える。

仮定

(1) 流れは水平方向である。

(2) 沈殿池に流入する原水中の浮遊物粒子は，同一粒径，同一密度で均一な

3. 沈殿池

濃度で存在する。
(3) 沈殿して, 一旦水底に達した粒子は再び浮上することはない。
(4) 沈殿池内の流速は全て一様で一定である。

使用記号

H：沈殿池水深　　　　　(m)　　　A：沈殿池水面積　　　　(m²)
L：　〃　池長　　　　　(m)　　　V：　〃　容積　　　　　(m³)
B：　〃　幅　　　　　　(m)　　　E：沈殿除去率　　　　　(－)
T：　〃　滞留時間　　　(時間)　 u：粒子沈殿沈降速度　　(m/時)
Q：流入水量　　　　　　(m³/時)　h：粒子沈降距離　　　　(m)
U：沈殿池内流速　　　　(m/時)　x：残存粒子の割合　　　(－)
t：水塊の流入後の時間　(時)　　y：沈殿粒子の割合　　　(－)

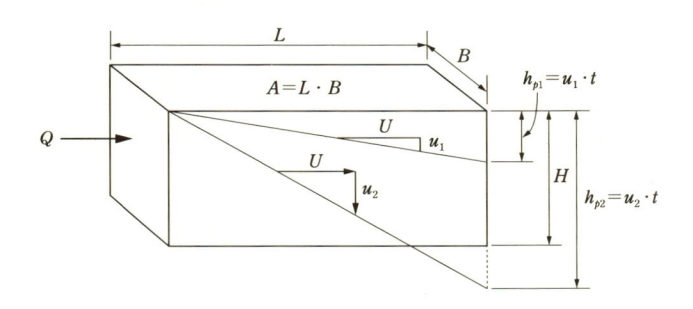

図6-5　沈殿の理論（押し出し流れモデル）

図6-5に示すような沈殿池において, 粒子が沈降するときの軌跡は, 水塊の水平流速Uと粒子の沈降速度uの合成線として示される。このような場合, 水平方向に流れながら沈降する粒子の沈降距離h_pは,

$$h_p = u \cdot t = u \cdot \frac{V}{Q} = u \cdot \frac{L \cdot B \cdot H}{Q} \qquad (6\text{-}18)$$

であるから, $h_p \geq H$であれば, 流入した水塊が池長Lを通過する以前に水塊中の粒子は全て池底に到達することとなり, 全粒子が沈殿池中で除去される。このとき, 沈殿除去率Eは

$$E = \frac{h_p}{H} = 1 = 100\% \tag{6-19}$$

設計時の粒子の沈降速度u_0は，池の水面積（表面積）$L \cdot B$（m²）当りの流入水量Q（m³/日）として示される。

また，式（6-18），（6-19）より，粒子の沈殿除去率Eは一般式として，

$$E = \frac{h_p}{H} = \frac{u \cdot t}{H} = \frac{u \cdot \dfrac{V}{Q}}{H} = \frac{u \cdot \dfrac{L \cdot B \cdot H}{Q}}{H} = \frac{u}{\dfrac{Q}{L \cdot B}} = \frac{u}{\dfrac{Q}{A}} \tag{6-20}$$

となる。すなわち，粒子の除去率Eは，粒子の沈降速度uとQ/Aの比で表すことができる。Q/Aは**水面積負荷**といい，沈砂池，沈殿池の設計条件として大切な指標である。また，除去率Eに関して，水深Hは無関係となっている。

したがって，沈殿効率を上げるには，

(1) 池の水面積A（$= L \cdot B$）を大きくする。
(2) 沈殿粒子の沈降速度uを大きくする。
(3) 流量Qを小さくする。

ことが考えられる。

3.3 理想沈殿池の理論 ── 完全混合の場合

図6-6において，流入水粒子濃度をC，流出（槽内）水濃度をC_xとし，t時間の流入＝流出＋蓄積の物質収支で考える。

t時間に流入する粒子量＝QCt

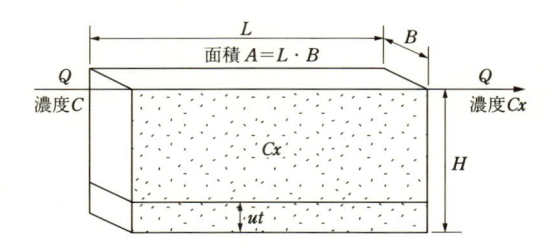

図6-6 沈殿の理論（完全混合モデル）

t 時間に流出する粒子量 $= QC_xt$

t 時間に沈殿する粒子量 $= uAC_xt$

とすると，物質収支より，

$$QCt = QC_xt + uAC_xt \tag{6-21}$$

残留粒子の割合を x とすれば，$x = \dfrac{Q}{Q+uA}$ で

$$x = \dfrac{1}{1+\dfrac{u}{\dfrac{Q}{A}}} \tag{6-22}$$

残留粒子の割合が x であるから，除去された割合 y は $(1-x)$，したがって，

$$y = 1 - x = 1 - \dfrac{1}{1+\dfrac{u}{\dfrac{Q}{A}}} \tag{6-23}$$

となる。すなわち，粒子の除去率 E は，粒子の沈降速度 u と Q/A の比で表すことができ，除去率 y に関して水深 H は無関係となっていることなど，基本的には押し出し流れ方式も完全混合方式も除去関連因子については同じである。

4. 緩速沪過方式

4.1 原水の条件

原水水質が，年平均濁度10度以下，生物学的酸素要求量（BOD）2 mg/l 以下，大腸菌群（100 ml，MPN）1,000以下の場合に緩速沪過方式を標準とする。また，年間の原水の濁度との関係から，沈殿池について次のように指針が示されている。

　　　　常に濁度10度以下 ── 普通沈殿池を省くことができる。

　　　　濁度10度～30度 ── 普通沈殿池を設ける。

　　年間最高濁度30度以上 ── 薬品処理可能な沈殿池を設ける。

4.2 施設の構成

緩速沪過方式の施設構成を図6-7に示す。

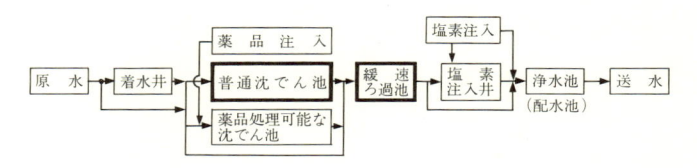

図6-7　緩速沪過方式

4.3 普通沈殿池

普通沈殿池は原水を静かに流すことによって，沈殿しやすい細砂や浮遊性物質を除去し，緩速沪過池の負荷を軽減することを目的としている。一時的に沈殿効率を上げるために，薬品沈殿を行う場合もある。図6-8に普通沈殿池（薬品処理可能）を示す。

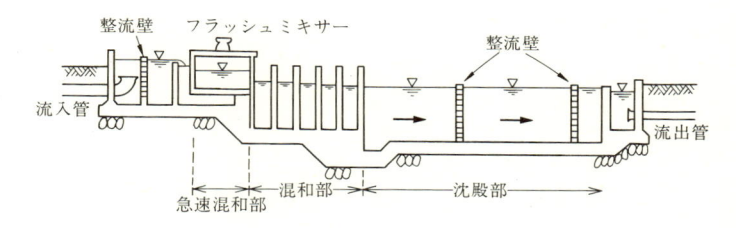

図6-8　普通沈殿池（薬品処理可能な）

(1) 設計諸元

a．池数は2池以上とするが，原水濁度が10度を越える日数が少ない場合はバイパス側管を設けた1池としてもよい。

b．形状は長方形とし，長さは幅の3〜8倍とする。

c．容量は計画浄水量の8時間分を標準とする。

d．有効水深は3〜4mとし，堆泥深さを0.3m以上見込む。

e．池内平均流速は0.3m/分以下とする。

f．排泥のために地底に排水口に向かい1/200〜1/300程度の勾配をつける。

g．水面積負荷5〜10mm/min（7.2〜14.4m³/m²・日），池内F_r数は10^{-5}程度以上となるようにする。

なお，理想的な沈殿池では，層流状態でかつ水流が安定していることが望まれる。開水路では，$R_e \leqq 500$（層流），$R_e \geqq 2,500$（乱流）である。また，水流の安定性はFroud数によって決まってくるとされ，$F_r \geqq 10^{-5}$程度以上になると，流況はかなり安定するといわれている。

(2) **付帯設備**

a．池内に偏流・渦流・密度流を生じさせないよう，流入・流出部に整流壁を設け，池内に導流壁や整流壁を設ける。

b．排泥操作として，池内を空として土木機械によるかき寄せ搬出可能なようにしておく。

(3) **沈殿池の設計例**

計画浄水量$Q = 40,000$ m³/日，水面積負荷$S.L. = 10$ m³/m²・日，沈殿（池内滞留）時間$T = 8$時間，池内平均流速0.3 m/分以下，F_r数$10^{-6} \sim 10^{-5}$とし，10池設けるものとする（図6-9）。

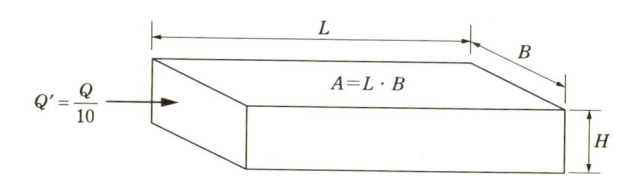

図6-9 沈殿池の設計

手順例

● 10池設けることから，1池当りの計画浄水量Q'は次のようになる。

$$Q' = \frac{40,000 \text{ m}^3/\text{日}}{10} = 4,000 \text{ m}^3/\text{日}$$

$$= 166.7 \text{ m}^3/\text{時} = 2.778 \text{ m}^3/\text{分} = 0.0463 \text{ m}^3/\text{秒}$$

● 水面積負荷$S.L. = 10$（m³/m²・日）より，必要水面積$A = L \cdot B$は

$$A = L \cdot B = \frac{Q'}{S.L.} = \frac{4,000 \text{ m}^3/\text{日}}{10 \text{ m}^3/\text{m}^2 \cdot \text{日}} = 400 \text{ m}^2$$

● 有効容量Vは，沈殿（滞留）時間が8時間であるから，滞留時間に流量を乗じて，

$$V = R.T. \times Q' = 8\text{時間} \times 166.67 \text{ m}^3/\text{時間} = 1,333.36 \text{ m}^3$$

● 有効水深 H は,池容積 V を水面積 A で除して,

$$H = \frac{V}{A} = \frac{1,333.3 \text{ m}^3}{400 \text{ m}^2} = 3.33 \text{ m}$$

● 池の長さ L を池の幅の5倍(3～8倍)とすると,池の幅 B は

$$L : B = 5 : 1, \quad A = L \cdot B = 5B^2 = 400 \text{ m}^2$$

$$\therefore \quad B = 8.944 \text{ m}$$

● 池の長さ L は

$$L = 5 \cdot B = 5 \times 8.944 \text{ m} = 44.72 \text{ m}$$

となる。

　以上の計算結果から,次のように暫定的に決定してみる。

　　池数　10 池

　　池深　$H = 3.50$ m

　　池幅　$B = 9.00$ m

　　池長　$L = 45.00$ m

　　水面積　$A = L \cdot B = 405 \text{ m}^2$

　　池容量　$V = L \cdot B \cdot H = 1417.5 \text{ m}^3$

● 所要項目のチェック(1池当りについて)

　水面積負荷

$$SL = \frac{Q'}{A} = \frac{4,000 \text{ m}^3/\text{日}}{405 \text{ m}^2} = 9.87 \text{ m}3/\text{m}^2 \cdot \text{日} < 10 \text{ m}^3/\text{m}^2 \cdot \text{日} \quad \text{OK}$$

　滞留時間

$$R.T. = \frac{V}{Q'} = \frac{1,417.5 \text{ m}^3}{166.67 \text{ m}^3/\text{時}} = 8.50 \text{時間} > 8 \text{時間} \quad \text{OK}$$

　池内流速

$$U = \frac{Q'}{B \cdot H} = \frac{2.778 \text{ m}^3/\text{分}}{9.00 \text{ m} \times 3.50 \text{ m}} = \frac{2.778 \text{ m}^3/\text{分}}{31.5 \text{ m}^2}$$

$$= 0.088 \text{ m}/\text{分} < 0.3 \text{ m}/\text{分} \quad \text{OK}$$

　Froud 数

$$F_r = \frac{U}{g \cdot H} = \frac{0.001467 \text{ m/秒}}{9.8 \times 3.50} = \frac{0.001467}{34.3}$$

$$= 4.227 \times 10^{-5} > 10^{-5}$$

以上より,池内流速が安全側でかなり小さくなっているが,沈殿池設計の一応の手順が示される。

4.4 緩速沪過池

(1) 緩速沪過池の機能

a. 生物学的作用

砂層の表面や砂層内に増殖する細菌および真菌等の微生物群で構成される粘質性膜により,濁質成分や溶解性有機性物質などが吸着された後,酸化分解される。沪過水は酸化安定され,良好な水が得られる。臭気・鉄・マンガン・合成洗剤・フェノール等もある程度除去可能である。

b. 沪別作用

砂層間隙で浮遊性物質がふるい分けされて,主に砂層表面上に残留し,清澄な沪過水が得られる。

c. 酸素の供給

生物性の沪過膜（粘質性膜）中に藻類が繁殖し,炭酸同化作用による酸素の供給が行われ,膜内の好気性細菌の活性を高め,種々の酸化作用を進めることとなる。

d. 沈殿作用

砂層表面を通過した微細な物質が砂層間隙内でフロック形成して沈殿し,砂表面上に吸着される。

(2) 緩速沪過池の諸元（図6-10)

a. 形状は長方形,鉄筋コンクリート造りとする。

b. 深さは,下部集水装置＋砂利層＋砂層＋砂面上水深＋余裕高の和で2.5～3.5 mとする。

c. 沪過速度は4～5 m/日を標準とする。

d. 沪過池面積は,計画浄水量を沪過速度で除して決定する。1池の大きさは50～5,000 m²程度である。

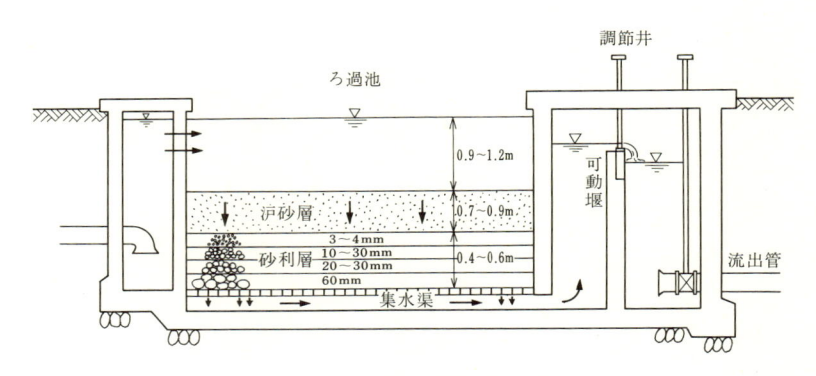

図 6-10　緩速ろ過池

e．池数は予備池を含めて 2 池以上とする。

f．砂層厚は 70〜90 cm とする。

g．ろ砂の品質は「水道用ろ砂試験方法」の選定基準による。

- 外観良好で石英質の多い砂
- 均等係数 2.0 以下
- 塩酸可溶率 3.5％以下
- 摩減率 3％以下
- 有効径 0.3〜0.45 mm
- 強熱減量 0.7％以下
- 比重 2.55〜2.65
- 最大径 2.0 mm 以下

注．有効径：砂の粒度加積曲線で 10％通過径。砂径が小さいほどフロック等の阻止率は高まり，表面ろ過の傾向は高まる。

均等係数：砂の粒度加積曲線で 60％通過径と 10％通過径の比を均等係数といい，粒径分布の均一度を示す指標。均等係数 1 に近いほど粒径が揃ってくる。

h．砂層の支持と，流失防止のための砂利層は，平均径 3.5 mm，14 mm，24 mm，60 mm 程度のものを各層合わせて 40〜60 cm の厚さとする。

i．ろ過池全面で均等なろ過をし，ろ過水を集水するための下部集水装置および池底には，必要な勾配をつける。図 6-11 に下部集水装置を示す。

j．調節井：ろ過水量を設定し，ろ過速度を一定に保つために流量調節装置を調節井中に設ける。流量調節装置には，テレスコープ式，ノッチ式，

4. 緩速沪過方式 119

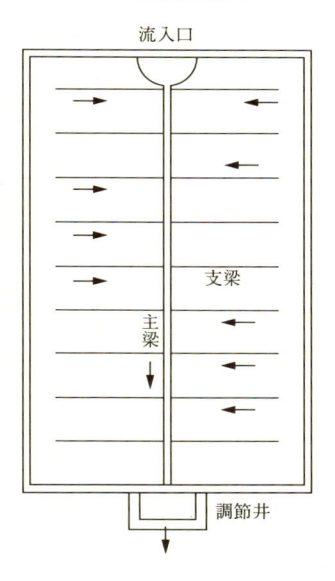

図 6 -11 下部集水装置

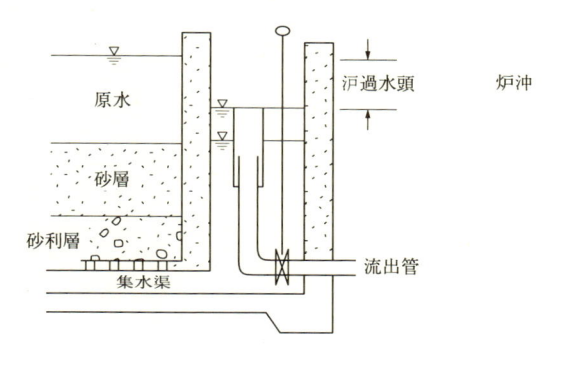

図 6 -12 テレスコープ型水位調整装置

　ベンチュリ式, オリフィス式などがある。図 6 -12 にテレスコープ式水位調節装置を示す。

(3) **付属設備**

a. 流入設備——制水扉, 制水弁を設置した導水管渠を沪過地に接して設け

b．越流管——沪過池に浮遊するゴミ・油の除去のため設ける。

c．排水管——汚砂削り取り作業時に，未沪水の排除のために設ける。

d．汚砂のかき取りは 1～2 cm

e．沪過持続日数 30～60 日（運転日数，掃除～掃除日数）

f．削り取りにより砂層厚が 40 cm 程度になったら，補砂を行い，もとの厚さとする。

〔例題〕

ある産地からのサンプル砂 500 g を採取し，ふるい分け試験をしたところ，表 6-2 に示すような結果を得た。この砂の有効径，均等係数を求めよ。

〔解〕 表 6-2 のようなふるい分け試験の結果を表 6-3 のように整理し，代表径（相乗平均径）と通過重量割合の関係を図 6-13 のようにプロットする。有効径は図中の通過率が 10% の径であり，0.35 mm を得る。通過率 60% の径は 0.76 mm であり，均等係数は Φ_{60}/Φ_{10} で示されることから，0.76/0.35＝2.17 を得る。したがって，この砂は均等係数が 2 より大きく，粒径のばらつきが大きすぎ，ろ砂としては不適格に近くなる。

$2.38\,\text{mm}$ と $1.19\,\text{mm}$ との相乗平均 $=\sqrt{2.38\times1.19}=1.68$

表 6-2

ふるい呼び寸法〔mm〕	1.19	0.59	0.42	0.30	0.21	0.15
ふるい呼び寸法〔メッシュ〕	16	30	40	50	70	100
阻止された砂の重量〔g〕	41.9	110.0	198.1	97.8	46.3	5.9
阻止された砂の重量〔%〕	8.4	22.0	39.6	19.5	9.3	1.2

表 6-3

代表径〔mm〕	1.68※	0.84	0.50	0.35	0.25	1.18
代表砂粒の重量割合 %	8.4	22.0	39.6	19.5	9.3	1.2
通過重量割合 %	91.6	69.6	30.0	10.5	1.2	0

※2.38mm と 1.19mm との相乗平均

5. 急速沪過方式

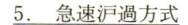

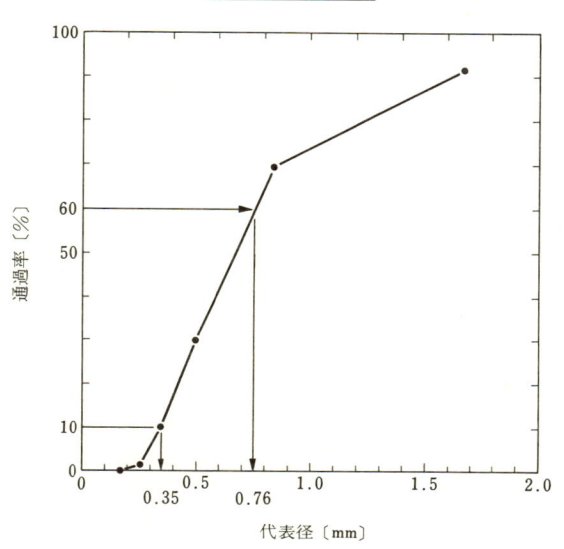

図6-13　代表径と通過重量割合

5. 急速沪過方式

5.1 原水の条件

原水水質が，年平均濁度10度以上，生物化学的酸素要求量(BOD) 2 mg/l 以上，大腸菌群 (100 ml, MPN) 1,000 以上のような場合には，急速沪過方式が適する。

5.2 施設の構成

急速沪過方式の施設構成を図6-14に示す。

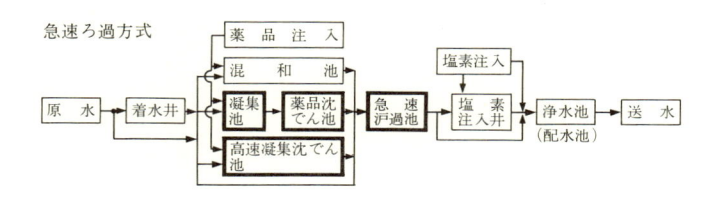

図6-14　急速沪過方式

5.3 薬品凝集沈殿

薬品凝集沈澱は，濁度が比較的高い原水を処理する場合，水中に溶解しているコロイド状（$10^{-6} \sim 10^{-7}$mm），あるいは懸濁性物質（10^{-4}mm）を，凝集剤によって凝集塊（floc）として集め，沈殿・沪過して除去するものであり，急速濾過方式の浄水方法においては，前処理として不可欠のプロセスである。

(1) 薬品凝集沈殿の理論 —— 薬品凝集作用

原水中に存在するコロイドは，疎水性コロイドと親水性コロイドに大別できる。疎水性コロイドは，水に対して親和力を持たず，粘土粒子や大多数の無機コロイドがこれに相当し，その安定性は粒子表面でのプラスまたはマイナスの帯電性に起因する。その安定性を低下させて，van der Waals力（粒子間引力）による凝集を促進させる考え方は，一般に電気二重層説で説明される。すなわち，粘土粒子のような場合，粒子表面は（－）に電荷を帯びている。これに対して，その外側には，（＋）のイオンが固定状態に近く層（Stern層）をなし，さらにその外側には，移動性の拡散性イオン層（Guoy層）が囲んでいる（図6-15）。実験によって測定できるのは，Guoy層の電位 ζ －電位であり，これは，コロイド粒子の凝集能力と強く関係し，薬品凝集の指標として用いられている。

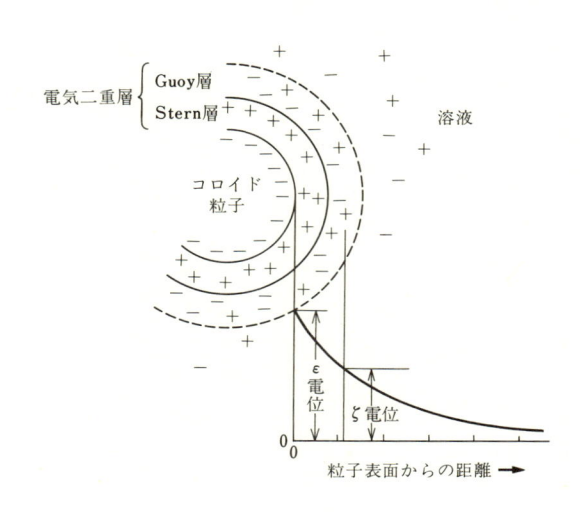

図6-15 電気二重層のモデル

5. 急速沪過方式

コロイドの水中における安定性は，そのコロイド粒子の有する電荷の強さ（ε－電位）による。凝集操作上ではζ電位を何らかの方法で低下させて，等電点（ζ電位が0）付近になると，同種の帯電粒子間の反発力が小さくなり，van der Waals力の引力の影響力が大きくなって，凝集が生じる。

ζ－電位は，反対電荷をもったイオンを添加し，二重拡散部の収縮を進めることによって低下させることができ，その結果，凝集を進めることが可能となる。

タンパク質や多くの有機コロイドのような親水性コロイドは，粒子表面に，$-OH$基，$-COOH$基，$-NH2$基を有して，周囲のpHが変化することによって，粒子表面の電位が等電点に近づき，van der Waals力の影響が大きくなって凝集が生じる。

自然水中のコロイドは，大部分が負の電荷を帯びているから，陽イオンを添加することにより，ζ－電位を低下させ，凝集を進めることができるが，添加イオンの凝集力は，原子価とともに幾何級数的に増加することが，Schultz-Hardyの法則として知られており，一般の凝集剤としてAl^{3+}が使われるのは，このことによる。

(2) 凝集剤

a. 硫酸アンモニウム $Al_2(SO_4)_3 \cdot 18H_2O$ （硫酸バンド）

硫酸バンドの適量を水中に加えると，水中のアルカリ分と次のような反応をして水酸化アルミニウム（$Al(OH)_3$）のコロイドが析出する。この水酸化アルミニウムは正電荷を有し，負電荷の濁質粒子を電気的に中和してフロックを形成する。生成したフロックは単に粒子を凝集して塊として沈降を促進するだけでなく，水中の無機物，有機物，細菌，微生物などを包含してこれを除去する。

$$Al_2(SO_4)_3 \cdot 18H_2O + 3Ca(HCO_3)_2$$
$$= 2Al(OH)_3\downarrow + 3CaSO_4 + 6CO_2 + 18H_2O \qquad (6-24)$$

この際，(1) CO_2が発生しpHの低下がある。

(2) 硫酸バンド中の遊離硫酸によるpHの低下がある。

水中のアルカリ不足のとき，アルカリ剤として消石灰を加える。

$$Al_2(SO_4)_3 \cdot 18H_2O + 3Ca(OH)_2$$
$$= 2Al(OH)_3\downarrow + 3CaSO_4 + 18H_2O \qquad (6-25)$$

$CaSO_4$ の生成による硬度の増大の問題がある。

アルカリ剤としてソーダ灰（炭酸ナトリウム）を用いると，

$$Al_2(SO_4)_3 \cdot 18\,H_2 + 3\,Na_2CO_3 + 3\,H_2O$$
$$= 2\,Al(OH)_3\downarrow + 3\,Na_2SO_4 + 3\,CO_2 + 18\,H_2O \qquad (6\text{-}26)$$

この場合は，硬度を増さない利点がある。

b．ポリ塩化アルミニウム（PAC）
- 硫酸アルミニウムより優れた凝集性がある。
- 良好な注入率の範囲が広い。
- アルカリ度の低下が少ない。
- 低温度にも有効。

c．その他
- アルミン酸ナトリウム……使用例少ない。
- 明ばん
- 鉄塩

(3) **アルカリ剤**

アルミニウム塩によって消費されるアルカリ分を補い，pHを調整し，凝集効果を十分に発揮させる。── 高濁度時，アルカリ度低い原水
- 消石灰（$Ca(OH)_2$）
- ソーダ灰（Na_2CO_3）
- 液体カセイソーダ（NaOH）

(4) **凝集補助剤**

原水高濁度時，冬期水温低下時，処理水量急増時などに，フロックを大きく，重く，強くして，沈殿・沪過効果を高める。
- 活性ケイ酸（Na_2SiO_3）
- アルギン酸ナトリウム（陰イオン性高分子凝集剤）

(5) **薬品注入量の決定 ── ジャーテストの手順**
- 図6-16に示すようなジャーテスタを準備する。
- ビーカーに原水1lをとり，注入率が段階的になるように凝集剤等を加え，周辺速度40cm/秒で急速攪拌を1分間行う。

5. 急速沪過方式

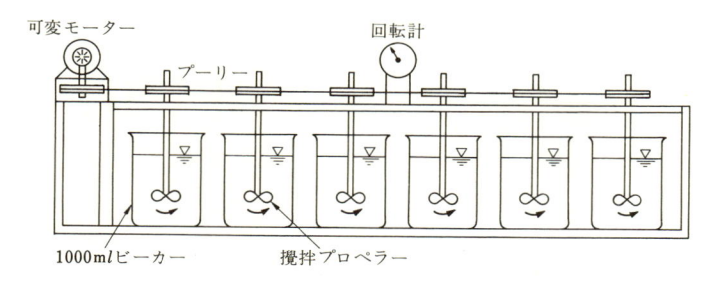

図6-16 ジャーテスター

- 周辺速度15 cm/秒で緩速攪拌を10分間行う。
- 10分間静置する。
- フロック形成と沈殿状況を観察し、上澄水濁度が最も低いときの注入率を求め、最適注入率を決定する。

(6) 薬品凝集作用影響要因

pH，アルカリ度，水温，原水濁度など

5.4 薬品注入設備

薬品の注入量は，処理水量に注入率を乗じて求められる。

注入装置には，乾式と湿式があるが，乾式は粉体の流動性が悪く，安定した注入を行うことは難しく，一般には湿式が用いられている。

湿式注入では，次のようなものがある。

オリフィス利用の自然流下方式

ポンプ方式……遠心ポンプ，プランジャーポンプ，エジェクター方式

5.5 凝集池

(1) 混和池（急速攪拌）

- 凝集剤を添加後，急速に攪拌し，水と十分に混和して，濁質を微少なフロック（マイクロフロック）に形成させる。
- 混和時間……計画浄水量の1～5分間
- 混和時流速

  水流自体のエネルギーによる方式（水平または上下迂流方式）

  流速1.5 m/秒以上

フラッシュミキサー等機械による方式

周辺速度 1.5 m/秒以上

(2) フロック形成池（緩速攪拌）

● 混和池で形成した微少なフロックを，適度な攪拌によって大きなフロックに成長させる。
● 池内攪拌強さ

　　　フロッキュレーター方式　周辺速度 15～80 cm/秒

　　　迂流水路方式　　　　　　平均流速 15～30 cm/秒

凝集剤の混和によって，原水中の濁質を微少なフロックに凝集した後，そのフロックを大きく重くして沈澱させることが必要となる。Camp はフロック形成に関する指標として G 値，GT 値を提案している。

G 値：速度勾配値　　急速攪拌では $G=100/\text{sec}$ 以上，緩速攪拌では $G=30\sim 60/\text{sec}$ がよいとされている。

$$G=\sqrt{\frac{\rho g}{\mu}} \qquad (6\text{-}27)$$

ρ：水単位体積，単位時間内の攪拌動力，$1\,\text{kW}=102.0\,\text{kg}\cdot\text{m/sec}$

μ：液粘性係数水の場合 1 cP，　　　　$1\,\text{P}=0.1\,\text{kg/m}\cdot\text{sec}$

また，攪拌動力は経験的に $2.5\,\text{kW/m}^3$/秒の軸動力で十分

GT 値：速度勾配値 G に滞留時間 T を乗じて無次元化したもの。

一般に，$GT=10^4\sim 10^5$ をとるとされている。

凝集池（薬品混和池，フロック形成池），薬品沈殿池が一体となった施設を図6-17に示す。

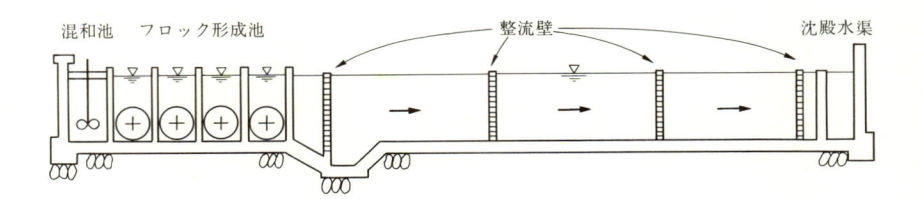

図6-17　薬品凝集沈殿池

5. 急速濾過方式

〔例題〕

処理水量 30,000 m³/日,滞留時間 2 分（1～分）の急速攪拌池を設計せよ。ただし攪拌機の減速機効率を 87% とする。

〔解〕

$Q = 30,000$ m³/日 $= 20.83$ m³/分 $= 0.3472$ m³/秒

池容量　$V = Q \times R.T. = 20.83$ m³/分 $\times 2$ 分 $= 41.68$ m³

混和池の大きさを幅 4 m,長さ 4 m,深さ 2.8 m（44.8 m³）とする。

必要動力 $= 0.3472$ m³/秒 $\times 2.5$ kW/m³/秒 $= 0.868$ kW

電動機出力 $= 0.868$ kW/0.87 $= 0.998$ kW　→ 1.5 kW

1 kW $= 102.0$ kg・m/sec

∴ $G = \dfrac{1.5 \times 0.87 \times 102.0 \times 9.8}{44.8 \times 0.001} = 170.61$/sec

$GT = 170.6 \times 44.8/0.3472 = 170.6 \times 129.0$
$= 22012.9 = 2.20 \times 10^4$

〔例題〕

処理水量 30,000 m³/日,滞留時間 40 分（20～40 分）の上下迂流式フロック形成池を設計しなさい。また,G 値を 40/sec とする水位差を求めなさい。

〔解〕

$Q = 30,000$ m³/日 $= 20.83$ m³/分 $= 0.3472$ m³/秒

池容量　$V = Q \times R.T. = 20.83$ m³/分 $\times 40$ 分 $= 833.2$ m³

混和池の大きさを幅 4 m,長さ 70 m,深さ 3.0 m（$= 840$ m³）とする。

池の入口と出口の水位差を H,池の容積を V とすると,

$$G = \sqrt{\dfrac{\rho Q H g}{V \mu}} \qquad (6\text{-}28)$$

∴

$$H = \dfrac{G^2 V \mu}{\rho Q g} \qquad (6\text{-}29)$$

G 値を 40/sec とすると,必要な水位差 H は,

$$H = \dfrac{40^2 \times 840 \times 10^{-3}}{10^3 \times 0.3472 \times 9.8} = 0.395 \text{ m}$$

したがって,混和池の大きさは幅 4 m,長さ 70 m,深さ 3.0 m（$V = 840$ m³),入口と出口の水位差 H は 0.40 m となる。

5.6 薬品沈殿池

(1) 設計諸元

a. 池数は原則として 2 池以上とする。

b．形状は長方形とし，長さは幅の 3～8 倍を標準とする。
c．容量は計画浄水量の 3～5 時間分とする。
d．有効水深は 3～4 m とし，堆泥深さとして 30 cm 以上を見込む。
e．池内平均流速は 0.4 m/分以下を標準とする。
f．池底には，排泥のために，排水口に向かって勾配 1/500～1/1000 もつける。
g．池内 F_r 数は，$F_r \geq 10^{-5}$ 程度とすると，流況がよいとされている。

(2) **付帯設備**

a．池内に偏流・密度流・短絡流を生じさせないよう，流入・流出部に整流壁を設け，また，池内に導流壁や中間整流壁を設ける。有孔整流壁では，孔の総面積は流入断面積の 6 ％程度とする。

b．薬品沈殿池では，高濃度汚泥を少量排出することが望ましい。一般に，走行ミーダー式，リンクベルト式，水中牽引式などの汚泥かき寄せ機を設ける。

c．越流管──浮遊ゴミ，油の除去のために設ける。

d．排泥管，排水管─沈殿池の清掃・修理に際し，池を空にするために設ける。

(3) **2 層式沈殿池，傾斜板沈殿池**

沈殿の理論で明らかになったように，沈殿効率に関しては水深 H が無関係であること，水面積を大きくすれば効率を上げられることから，仕切板を池深の中間位置に設置して，沈殿効率を上げることが可能となることがわかる。この考え方から，多階層沈殿池や傾斜板沈殿池が発達してきている。図 6-18 に 2 層式の効果を，図 6-19 に傾斜板沈降装置の例を示す。

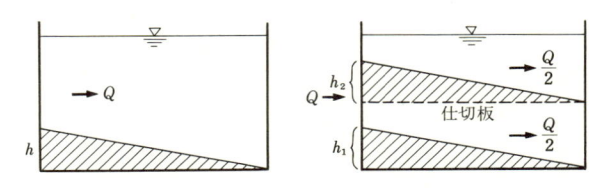

図 6-18 2 層式沈殿池の効果

5. 急速沪過方式　　　　　　　　　　　　　　　　　129

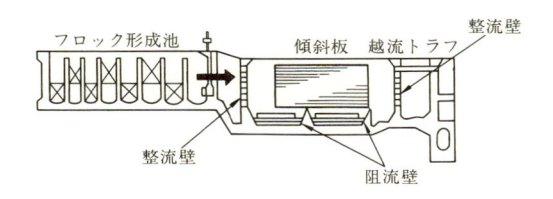

図 6-19　傾斜板沈殿池

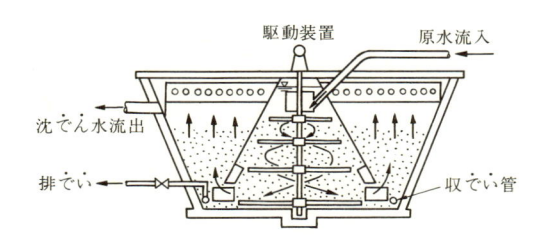

図 6-20　高速凝集沈殿池

5.7 高速凝集沈殿池
フロック形成と沈澱を一体化したものである。
a．容量は，計画浄水量の 1.5〜2.0 時間分とする。
b．池内上昇流速は 40〜50 mm/分を標準とする。
図 6-20 に高速凝集沈殿池（スラッジ・ブランケット形）の例を示す。

5.8 急速沪過池
急速沪過池は，一般にふるい分けした天然ケイ砂を沪材とし，下向きに沪過し，洗浄には逆流洗浄と表面洗浄を行う。

(1) 急速沪過池の機能
a．沪別作用（付着・抑留・ふるい分け）
凝集して大型となったフロックが，比較的粗な粒状層で沪材への付着や沪層でのふるい分けにより除去される。

b．吸着作用

濾層内に入った微小フロックが，なお強い吸着力を有して濁質を吸着するとともに，濾材粒子表面に付着・捕捉される。

(2) 急速濾過の長所
a．濾過速度が大であり，濾過面積が小さくてよい。
b．屋内に施設を設けられる。凍結，藻類発生，汚濁等を防止できる。
c．高濁度水に最適
d．コロイド性物質や色度の除去に有効
e．洗砂後の効果が早い。

(3) 急速濾過池の諸元
a．濾過面積は計画浄水量を濾過速度で除して求める。
b．池数は予備池を含め2池以上とする。10池以上の場合には1割程度の数の予備池を設ける。
c．1池の濾過面積は150 m²以下とする。
d．形状は長方形とする。
e．濾過流量調節機構を備える。
f．濾過速度は120〜150 m/日を標準とする。
g．砂層の厚さは，60〜70 cmを標準とする。
h．濾砂の品質は水道用濾砂試験方法による。

- 外観良好で石英質の多い砂
- 有効径 0.45〜0.7 mm
- 均等係数 1.70以下
- 新しい濾砂の洗浄濁度 30度以下
- 新しい濾砂の強熱減量 0.7%以下
- 濾砂の比重 2.55〜2.65
- 濾砂の摩減率 3%以下
- 濾砂の粒径 2.0 mm〜0.3 mm

i．濾層を支持する濾過砂利は，硬質で球形で表6-4の標準的構成による。
j．下部集水装置は，有効な濾過と洗浄ができるものとする。
  (A) ホイラー形　　　　(B) 有孔ブロック形
  (C) ストレーナー形　　(D) 有孔管形

図6-21に各種の急速濾過池用下部集水装置を示す。

5. 急速沪過方式

表6-4 砂利層の標準的構成

下部集水装置	最小径 mm	最大径 mm	層数	全層厚 mm	層構成の例
ストレーナ形 および ホイラー形	2	50	4層以上	300〜500	（4層の場合） 1層 径2〜5 mm　厚100mm 2層 径5〜10mm　厚100mm 3層 径10〜15mm　厚150mm 4層 径15〜30mm　厚150mm
有孔管形	2	25	4層以上	500	（4層の場合） 1層 径2〜5 mm　厚100mm 2層 径5〜9 mm　厚100mm 3層 径9〜16mm　厚150mm 4層 径16〜25mm　厚150mm
有孔ブロック形	2	20	4	200	1層 径2〜3.5mm　厚50mm 2層 径3.5〜7 mm　厚50mm 3層 径7〜13mm　厚50mm 4層 径13〜20mm　厚50mm

日本水道協会：水道施設設計指針2000

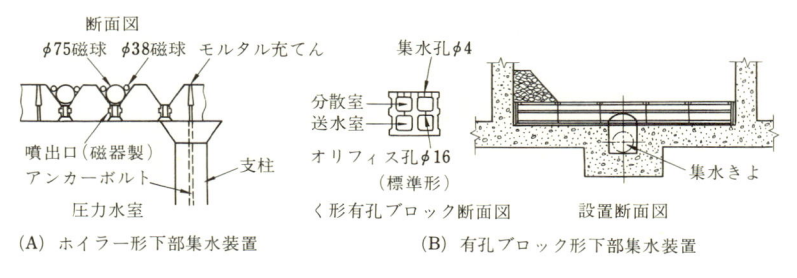

(A) ホイラー形下部集水装置

(B) 有孔ブロック形下部集水装置

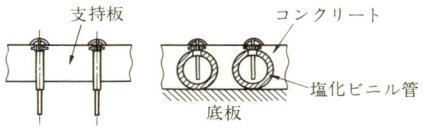

(1) 支持板取付形　(2) 集水支管取付形
(C) ストレーナ形下部集水装置

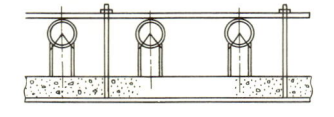

(D) 多孔管形下部集水装置

図6-21　各種下部集水装置
日本水道協会：水道施設設計指針2000

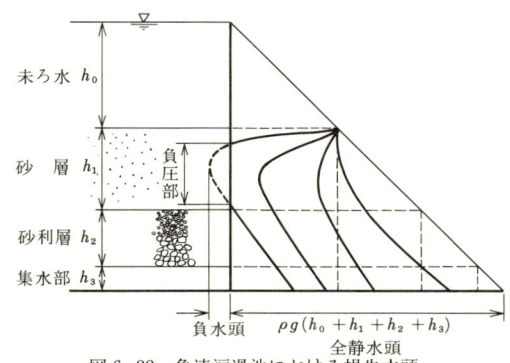

図 6-22 急速濾過池における損失水頭

　k．濾過池砂面上の水深は 1.0 m 以上とする。

　また，濾過の持続とともに，濾槽内に懸濁物質の抑留が進み，濾層による損失水頭が大きくなってくる（図 6-22）。

　l．洗浄方式は，逆流洗浄と表面洗浄を組み合わせた方式を標準とする。

　m．洗浄水は塩素が残留している水を用いて汚染や濾過障害を防ぐようにし，洗浄タンクまたは洗浄ポンプから供給する。

　n．洗浄時間は 4～6 分間とする。

　o．最大洗浄流量に約 20% の余裕を見込んだ水量を排水できる洗浄排水渠，洗浄排水樋，トラフを設置する。

(4) 濾過の損失水頭

　急速濾過においては，原水濁度が高く，薬品凝集作用も加わって濾過持続時間は極端に短くなる。濾過の経過と共に損失水頭は大きくなり，濾過水頭は低下する。

　砂層の損失水頭に関して Fair & Hatch は次式を提案している。

$$\frac{h}{L} = 0.178 \times \frac{C_D}{g} \cdot \frac{v^2}{\varepsilon^4} \cdot \frac{\alpha}{\beta} \cdot \frac{1}{D} \cdot \qquad (6-30)$$

　ここに，h：清浄濾層の損失水頭(m)，L：濾層厚さ(m)，C_D：抵抗係数(－，$R_e < 1$ の場合，$C_D = 24/R_e$)，D：ろ材粒子直径，α/β 濾材粒子の形状係数，球の場合 6.0，g：重力加速度，ε：空隙率（－）

(5) 付帯設備
a．流入管渠…洗浄，沪過速度を変更しても，池内水位の昇降を少なくする。
b．流出管は，流量調節器の最大流量によって管径を決める。
c．弁類…電動，空気圧，水圧による自動操作方式とする。

6. 緩速沪過法と急速沪過法の比較

緩速沪過法，急速沪過法ともに浄水工程の中枢プロセスであるが，その水質の浄化機構や関連施設等には大きな違いがある。本項では，緩速沪過法と急速沪過法を総合的に比較してみた（表6-5）。

表6-5 凝速沪過法と急速沪過法の比較

項　目	事　項	緩　速　沪　過　法	急　速　沪　過　法
原水の水質	大腸菌群 BOD 年平均濁度	100mℓ/MPN1,000以下 2 ppm 以下 10度以下	1,000以上 2 ppm 以上 10度以上
水質に対する有効性	細　菌 色　度 濁　度 浮遊物質 NH_4^+-N 味	大 中 大 大 大（硝化される） 良　好	大 大 大 大 小 —
システム	前処理	普通沈殿池	（前均素処理） 薬品凝集池
ろ過作用	微生物による 　作　用 吸　着 ろ　別	大 （吸着，酸化，光合成，O_2供給） 大 （粘着性生物膜） 大	な　し 大 （物理化学的引力） 大
維　持 管　理 そ の 他	ろ過速度 敷地面積 薬　品 発生汚泥量 洗浄作業 建設費 維持費 管理技術	4～6 m/日 大 不　要 小 時間と労力大 20日～60日に1回 大 小 中	120m/日 小 要 大 自動洗浄 0.5日～2日に1回 小 大 高　度

7. 膜沪過法

　水処理の基本は固液分離である。膜沪過法は，微細多孔を有する膜を沪材として水を通し，原水中の不純物質を分離除去して清澄な沪過水を得る浄水方法である。膜沪過には精密沪過と限外沪過があり，膜の特性に応じて原水中の懸濁物質，コロイド，細菌類，原虫等の一定以上の大きさの不純物を除去することができる。

1）精密沪過法　MF：粒径 $0.01\,\mu m$ 以上を分離対象とし，性能は公称分画径で表す。
2）限外沪過法　UF：限外沪過膜（UF膜）をもちいて分離を行う沪過法。性能は分画分子量で表す。水処理では超純水製造，廃水処理，再利用等広く用いられている。
3）ナノ沪過法　NF：1 nm 前後の微細分子を除去するナノ沪過膜沪過法（低圧逆浸透法ともいう）である。限外沪過法と逆浸透法の中間に位置し，溶解性物質を除去対象物質とし，単独又は高度浄水処理との組み合わせ等で利用される。

膜沪過浄水施設としては，次のような設備の流れが基本となる。

1）前処理設備：爽雑物除去のためのスクリーンやストレーナ等の設備，沪過性能向上のための凝集剤注入設備，殺藻，膜への有機物の付着防止，鉄・マンガン等の酸化のための塩素剤やオゾンの注入設備。
2）膜沪過設備：設備の中枢であり原水槽，ポンプ，膜モジュール，洗浄設備等。原水水質に応じて，適切な膜の種類，膜面積，膜沪過流束（Flux）等を選定する。
3）後処理設備：溶存有機物，かび臭，マンガンの除去等の目的で膜沪過水をさらに処理する場合の後処理設備を設ける。
4）消毒設備

8. 消毒設備

水道水は，衛生的に安全な水を供給しなければならない。そのため，病原性生物等は完全に除去されることが必要である。一般の浄水工程では，水中の細菌を完全に除去することはできず，消毒設備をもって消毒し，細菌類による水道水の汚染を防ぐことが必要となる。外国では消毒はオゾンや紫外線照射が行われているが，日本では水道水の消毒は塩素剤によるとされている。

1）塩素剤

 a．液化塩素……塩素ガスを液化しボンベに充塡したもの。有効塩素濃度は99％であり，貯蔵量は少なくてすみ，品質も安定，取扱いに要注意。

 b．次亜塩素酸ナトリウム……有効塩素濃度は5～12％。安全性，取扱い性に優れ，広く使用されるようになってきている。

 c．次亜塩素酸カルシウム（さらし粉）……粉末，顆粒，錠剤があり，有効塩素60％以上。保存性，取扱い性がよい。

2）注入量

給水栓における水が，遊離残留塩素で0.1 ppm以上，結合残留塩素で0.4 ppm以上保持できるような注入率から定める。

3）塩素の殺菌効果

塩素を水に注入すると，次のような反応を示す。

低pHのとき，

$$Cl_2 + H_2O \rightleftarrows HOCl + HCl \qquad (6\text{-}31)$$

高pHのとき，

$$HOCl \rightleftarrows OCl^- + H^+ \qquad (6\text{-}32)$$

これら塩素酸，次亜塩素酸は遊離（残留）塩素といわれ，細菌細胞の蛋白質，アミノ酸に作用して細胞組織の変質を生じて死滅させる。

一方，水中にアンモニア化合物があると，これと反応して，モノクロラミン（NH_2Cl），ジクロラミン（$NHCl_2$），トリクロラミン（NCl_3）等のクロラミンを生じる。モノクロラミンとジクロラミンを結合（残留）塩素という。

4）不連続点塩素処理

塩素注入率と残留塩素濃度との関係を，図6-23のように示すことができる。

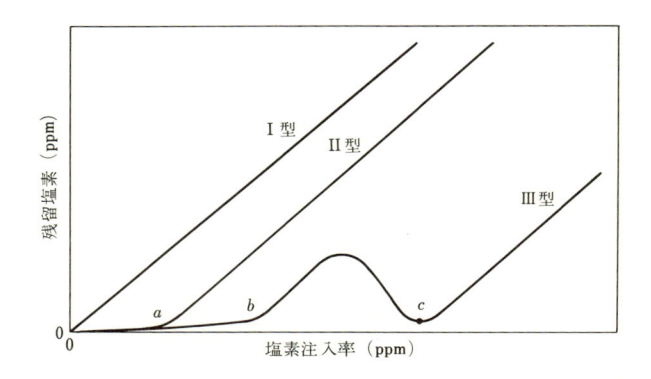

図 6-23 ブレークポイント塩素注入

Ⅰ型は，有機物や塩素消費物質を全く含まない水で，塩素注入率に比例して残留塩素濃度が高くなる。

Ⅱ型は，若干の塩素消費物質を含む（＝塩素要求量を有している）水である。

Ⅲ形は，水中にアンモニア化合物や有機性窒素化合物を含む水の場合で，塩素の初期消費後，結合残留塩素を生じるようになる。その後，塩素によるクロラミンの分解のため残留塩素の減少がみられる。その後は注入率に比例して残留塩素は増加する。Ⅲ型の場合のc点を不連続点（break point）といい，この点を越えて塩素を注入すると遊離残留塩素が水中に存在するようになり，消毒効果を高めることができる。

5）貯蔵設備

液化塩素の貯蔵は，「高圧ガス取締り法」，「労働安全衛生法」などに従わなければならない。

次亜塩素酸ナトリウム，次亜塩素酸カルシウムは，直射日光を避けて保存する。

6）注入設備

液化塩素の注入にあたっては，湿式真空式塩素注入機，湿式圧力式塩素注入機，乾式圧力式塩素注入機等を用いる。

次亜塩素酸ナトリウムは適度な濃度に希釈して注入する。

次亜塩素酸カルシウムは，予め水に溶解してから使用する。
7）保安用具と除害設備
塩素ガスは毒性が強いので，緊急時の保安用具と，漏洩時の吸収剤等の除害設備を準備する。

9. 浄水池
平常時は，浄水量と送水量は一定でほぼ等量である。しかし，緊急事態が生じたような場合に，浄水量と送水量の間に差が生じることがある。浄水池は，このような場合の水量差の不均衡を調節緩和する役目を持っている浄水の貯留池で，場内に配水池があれば配水池がこの役を果たす。なお，消毒のため注入された塩素を均一に拡散・混和する施設としても役立つ（図6-24）。

1）施設諸元
a．浄水を一時貯留することから，構造的にも衛生的にも安全で耐久性を有すること。
b．原則として2池以上とする。
c．有効水深は3〜6m程度とする。

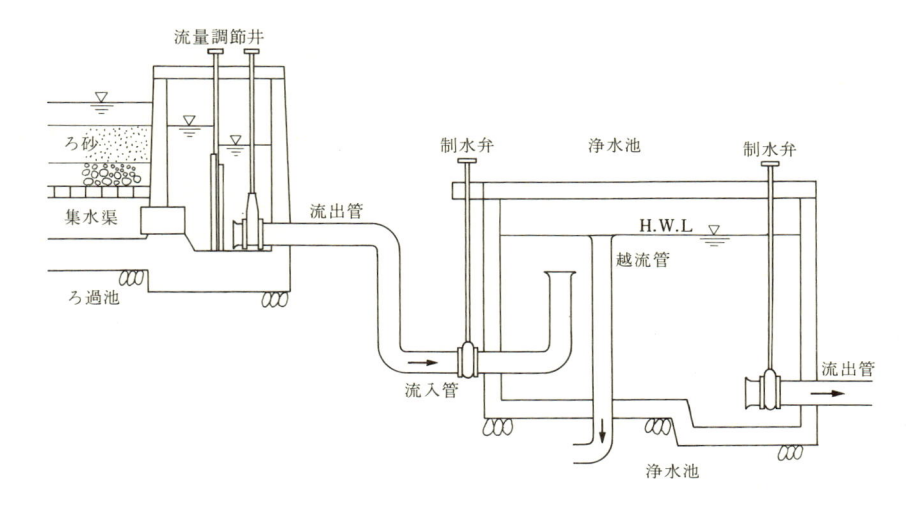

図6-24　浄水池

d．池底には配水のための勾配をつける。
e．有効容量は，計画浄水量の1時間分以上とする。
f．流入管・流出管にはそれぞれ制水弁を設置する。
g．浄水池を経由しないで直接送水できるよう，必要に応じて制水弁付の側管を設ける。
h．越流設備，排水設備を設ける。
i．換気装置，人孔，検水口を設ける。
j．水位計と警報設備を設ける。

10. 高度浄水処理

水源水域の汚濁の進行によって，通常の浄水方法だけでは十分に対応できない物質が原水中に含まれるようになってきている。例えば，色度，臭気物質，トリハロメタン前駆物質，アンモニア性窒素，陰イオン界面活性剤などがあげられる。これらの物質の除去を目的とするのが高度浄水処理である。高度浄水処理には，活性炭処理，オゾン処理，生物処理，ストリッピング処理がある。

10.1 活性炭処理

活性炭は，やしがら，のこぎり屑，石炭等を原料として炭化活性化処理を行ったものであり，$10^{-3} \sim 10^{-5}$ cm の微細孔を無数に有し，その内部表面における強い吸着作用によって，微生物による異臭味，ABS，色度，フェノールなどを除去することができる。

a．粉末活性炭は，ロータリーフィーダーやエジェクターを用いて，受水井や薬品凝集処理前の位置で添加され，凝集池などで混和・接触させることにより除去対象物を吸着したのち，沈殿池および沪過池で捕集，処理される。粉末活性炭は回収・再生利用は原則として行わない。

b．粒状活性炭は，通常の濾過操作終了後，塩素消毒以前の浄水工程で，粒状活性炭濾過槽設備中の粒状活性炭層を作り，この中を沪過させて沪過後，水中の除去対象物質を吸着・除去する。

粒状活性炭は，水蒸気賦活法などによって再生し，再利用できる。

10.2 オゾン処理

オゾンは酸素の同素体であって，極めて強い酸化力を有し，有機物の酸化分解，脱色・脱臭，殺菌作用があり，現在は，水源の富栄養化等に伴う異臭味の除去，シアン化合物やフェノール，ABSの分解，色度の除去等に使用されている。一般に，オゾン処理後，活性炭処理を行うことにより，処理効果を上げる方法がとられている。

10.3 生物処理

原水をハニーコム（蜂の巣状集合体）や回転円板に接触させて好気性生物を付着増殖させる。アンモニア性窒素，藻類，臭気，鉄，マンガン等の処理に用いられる。

10.4 ストリッピング処理

エアレーション室を設けたり，ノズル噴水装置等によって水と空気を十分に接触させて，水中の揮発しやすいトリクロロエチレン等の揮発性有機物質を除去する。

11. 特殊（浄水）処理

原水の水質が表6-6に示すような場合には，特殊浄水処理を行うことが必要となる。

11.1 エアレーション

a．原水中（地下水の場合など）に多量の侵食性遊離炭酸・鉄・不快臭があるような場合に，これらを除去するのに用いられる。

b．沈殿・沪過などの浄水工程の前に行われる。

c．エアレーションの効果
　・水中の遊離炭酸を除去してpH値を上昇させる。
　・水中に酸素を供給して，溶存第1鉄を難溶解性の第2鉄に酸化させる。
　・硫化水素等の不快臭物質を除去する。

d．装置として，ノズル噴水装置を標準とする。

e．エアレーション室を設けて行う。

なお，トリクロロエチレンなどの揮発性有機物質を除去する場合にも，エア

表6-6 原水の水質と処理法

原水の水質		処理法
特殊処理を含む方式	侵食性遊離炭酸	エアレーション，アルカリ処理
	pH調整（pH低く侵食性）	アルカリ処理
	鉄	前塩素処理，エアレーション，pH調整，鉄バクテリア法
	マンガン	① 〔酸化〕＋〔凝集沈殿〕＋〔砂ろ過〕前塩素処理，過マンガン酸カリウム処理，（オゾン処理） ② 接触ろ過法 　　マンガン砂ろ過，二段ろ過 ③ 鉄バクテリア法
	生物	薬品〔硫酸銅，塩素，塩化銅〕処理，二段ろ過，マイクロストレーナ
	臭味	発生原因生物除去，エアレーション，活性炭処理，塩素処理，オゾン処理
	陰イオン活性剤，フェノール等	活性炭処理（オゾン処理）
	色度	凝集沈殿，活性炭処理，オゾン処理
	フッ素	活性アルミナ法，骨炭処理，電解法

（　）は，実際にはあまり使用されていない。　　日本水道協会：水道施設設計指針・解説1990

レーションは有効であるが，この場合には，ストリッピング（揮散）処理という。

11.2 前塩素処理・中間塩素処理

a．前塩素処理は主として急速沪過方式系統において，原水の汚濁が進行した場合に凝集沈澱以前の浄水工程で塩素注入を行なうもの。塩素の強力な酸化力を利用して前処理を行い，水中の細菌の減少，水生微小生物の死滅，鉄・マンガンの酸化，窒素類や有機物その他の酸化を進めるもの。水源の汚濁の著しい都市では，常時行われるようになってきている。

b．中間塩素処理は凝集沈殿池と沪過池との間で塩素剤を注入する。この方法は凝集沈殿によってトリハロメタン前駆物質あるいは藻類をできるだけ除去した後に塩素注入を行ってトリハロメタンおよびかび臭生成を低減しようとするもの。

b．塩素注入率は，処理目的に応じたり，原水の塩素要求量に応じて決定する。

11.3 アルカリ剤注入処理

a．次のような水は，腐食性が強いとして，コンクリート構造物，モルタル

ライニング管，石綿セメント管を劣化させたり，亜鉛メッキ鋼管では亜鉛を溶出させ，銅管では銅を析出させ，給・配水管からは鉄を溶出させて，水道施設に種々な障害を与える。
  ・遊離炭酸を多く含む。
  ・pH 値が低い。
  ・アルカリ度が低い。
  ・硬度が低い。
  ・溶存酸素が高い。
 アルカリ剤の注入は，このような水質の改善に極めて有効である。
b．アルカリ剤としては，消石灰(CaO)，ソーダ灰(Na_2CO_3)，液体カセイソーダ（$NAOH$）等がある。原水の pH 値やランゲリア指数など，水質に対して除去目標値を定めて，必要注入率に応じて注入する。
c．遊離炭酸除去設備としてのアルカリ剤注入場所は，取水地点にできるだけ近い地点とする。
d．pH 調節設備としてのアルカリ剤注入場所は，急速沪過方式の場合，フロック形成池以降で，よく混和する場所とする。

11.4 除鉄

a．水道水の鉄は，水に臭味を与え，衣類の洗濯時や器具の洗浄時に赤褐色の色を呈したりする。このような場合に除鉄設備による鉄の除去を行う。
b．除鉄には，エアレーション，前塩素処理，pH 値調整処理，薬品沈澱処理等の前処理設備と沪過池を設ける。

11.5 除マンガン

a．水道水中のマンガンは，水に黒色の色相を与えたり，器物・洗濯物に黒色斑点をつけたり，管内面に黒色付着物をつけたりして水利用上問題を呈する。このような場合に，除マンガン設備を設けてマンガンの除去を行う。なお，鉄とマンガンは共存することが多い。
b．除マンガンには，pH 調整処理，薬品酸化処理（前塩素処理，過マンガン酸カリウム処理），薬品沈殿処理等の前処理設備と沪過池を組み合わせて処理を行う。

c．前塩素処理後，マンガン接触沪過法（マンガンに砂またはマンガンゼオライトによって原水中のマンガンを接触酸化する）によって酸化除去する方法もある。

11.6　二段沪過処理

プランクトン藻類，濁質成分，浮遊物等が原水中に多い場合，粒径 $2 \sim 6 \, mm$ の細砂利を用いた一次沪過によって，これをある程度除去し，次の緩速沪過または急速沪過の負荷を予め軽くする。

11.7　マイクロストレーナー処理

有効孔径 $140 \mu \sim 35 \mu$ の金属あるいは合成繊維製の沪網を回転ドラムに取り付けて原水を通過させ，水中の動・植物プランクトンや浮遊物を沪別するものである。大型の藻類，鉄バクテリア等の除去に有効である。

11.8　薬品処理

硫酸銅，塩素剤，塩化銅などを用いて，貯水池の藻類，導水路壁面の付着生物などを処理する。

11.9　フッ素処理

原水中にフッ素が多量に含まれるときには，活性アルミナ，骨炭などを利用した処理，または電解法処理を行う。

12.　排水・汚泥処理

浄水施設からの排水・汚泥処理は，公共用水域の水質保全や地域環境の保全から極めて大切である。浄水施設から排出される汚泥は，殊に急速沪過方式を採用している場合にその量が多い。この場合，薬品沈殿池の汚泥，および急速沪過池の逆洗時の排水中の汚泥が主たるものであり，これらは排泥池に導かれた後，濃縮，脱水，乾燥を経た後，最終的に埋め立て，海洋投入，製品再利用等最終処分されることとなる。この間，排泥池，濃縮槽，脱水工程等から排出される排水は，状況に応じて返送再利用されたり，排水として処理された後，河川等に放流される。図6-25に排水・汚泥処理工程の図（水道施設設計指針・解説より参考作図）を示す。

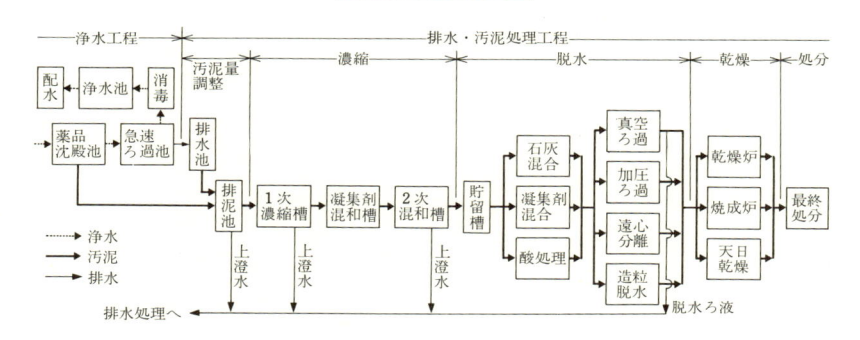

図 6-25　排水・汚泥処理工程

13. 各種施設の計装

　水道施設が施設全体として有効に機能するためには，施設を管理する人間が施設の運転・管理に関係する諸因子を情報として，的確に迅速に把握して，操作に反映することが肝要である。そのため各施設におけるデータの収集と制御が大切になってくる。また，水道の広域化，施設の大規模化，複雑化に伴い，施設の監視と制御ならびに情報処理を扱う技術や設備計装が重要となってくる。

　ことに，取水から配水に至るまで，水道施設全体にわたって，広く管理することにより，最も有効かつ適正な施設の運用を図ることが重要となってきている。図6-26に水道施設の計測および制御フローシートの例を示す。

第6章 浄 水

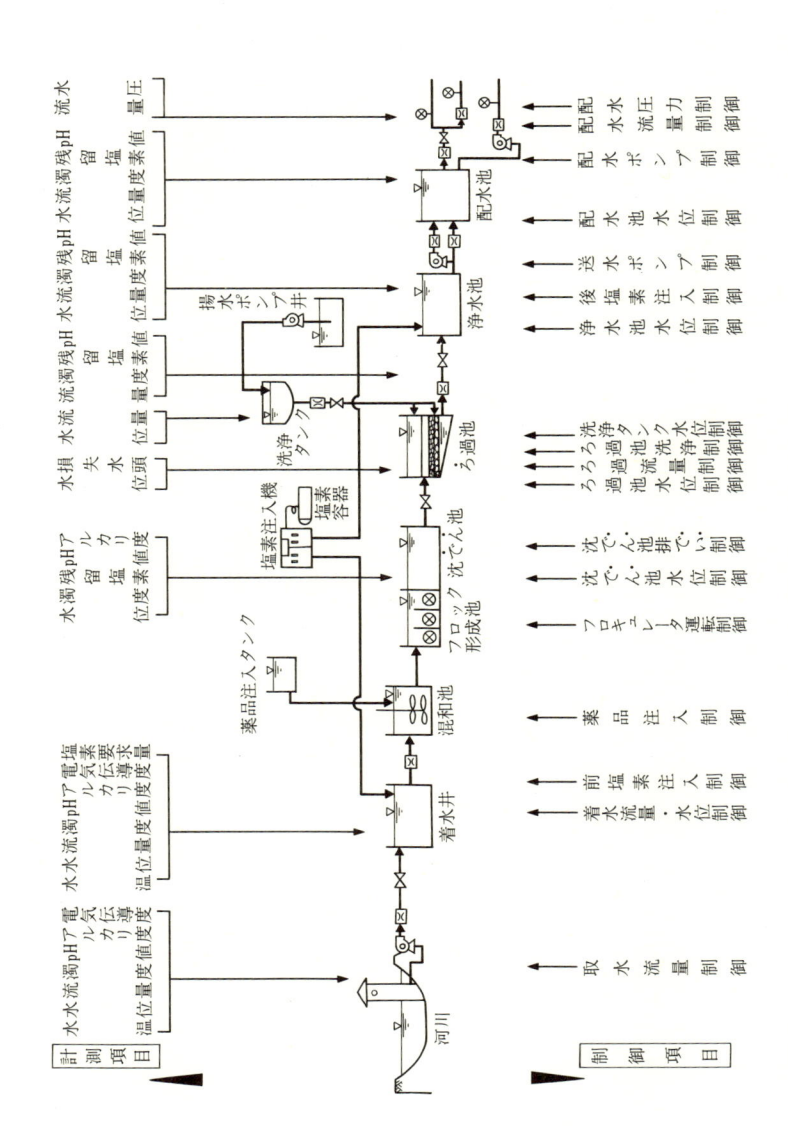

図6-26 水道施設の計測および制御フローシート

第7章　送　水

1.　送水施設
　送水とは，浄水施設で浄化された浄水を配水施設まで送ることであり，施設としては，ポンプ，送水管，その他の施設をいう。市民が直接飲用その他に使用する浄水を送る施設であることから，外部からの汚染のないことが大切である。

2.　計画送水量
　送水施設の計画送水量は，原則として計画1日最大給水量を基準とする。

3.　送水方式
　送水方式は始点（浄水池など）と終点（配水池など）の水位関係によって，自然流下式とポンプ圧送式に分けられる。
　水路方式は，管水路式（送水管）と開水路式（送水渠）とがあるが，外部からの汚染防止上，管水路が一般に広く採用されている。

(1)　送水管
　送水管の管種に関しては配水管の管種に準じる。送水管の管径・管内流速，路線選定，その他付属設備，付帯事項等については，導水管（第5章）に準ずるので，そちらを参照のこと。

(2)　送水渠
　この方式の場合には，渠内を流れる浄水が汚染を受けることのないよう，必ず覆蓋を設けるとともに水密性の構造とする。
　流速・路線選定，付帯設備，トンネルその他の付属設備，付帯事項等については，導水渠（第5章）に準じるので，そちらを参照のこと。

第8章　配水とポンプ設備

1. 配　水
1.1　配水施設
配水は，市民に対して必要量の浄水を所要の圧力で連続して安全確実に供給することが大切である。配水施設は，配水池，配水ポンプ，配水管，その他の設備で構成される。

1.2　計画配水量
計画配水量は，配水管決定の基礎水量であり，平常時においては当該配水区域の計画時間最大給水量とし，火災時には計画1日最大給水量の1時間当りの水量と消火用水量の合計とする。

1.3　計画時間最大給水量
計画時間最大給水量は，計画年次における1日最大給水量の時間的に最大と想定される1時間当りの水量であり，次式で表される。

$$q = K \frac{Q}{24} \tag{8-1}$$

ここに，q：計画時間最大給水量（m³/時）
　　　　Q：計画1日最大給水量（m³/日）
　　　　K：時間係数　　　　（－）

時間係数Kは，1日の使用水量の変動に原因するものであり，1日の生活サイクルがシンプルな小規模な都市では大きく，多様な大都市では小さくなる傾向がみられる。図8-1に1日配水量と時間係数の変化の例を示す。

1.4　消火用水量
配水管および配水池の容量決定に用いる消火用水量は，次のように考えるとよい。

1. 配 水

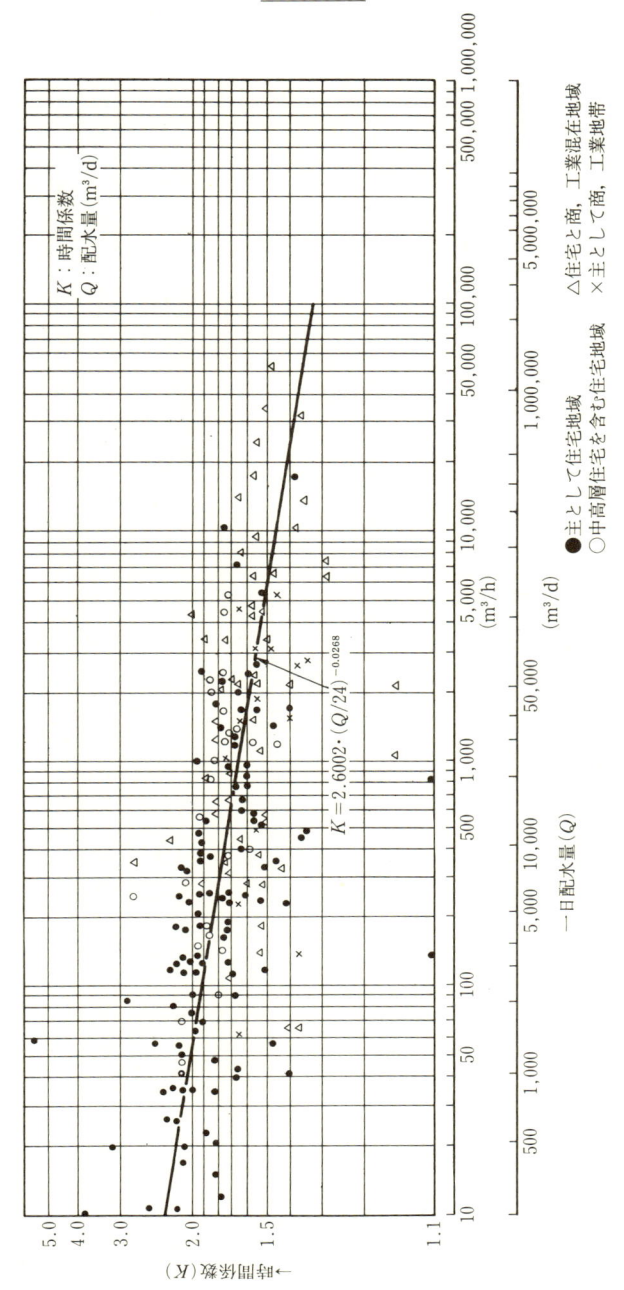

図8-1 一日配水量と時間係数

$K = 2.6002 \cdot (Q/24)^{-0.0268}$

K：時間係数
Q：配水量 (m³/d)

●主として住宅地域　△住宅と商、工業混在地域
○中高層住宅を含む住宅地域　×主として商、工業地帯

(1) 配水池について

小都市の規模の小さい水道では，消火用水量が配水池容量に対して相対的に大きくなる。したがって，水道以外に消防水利がなく，給水人口が50,000人以下の配水池では，表8-1に示すような消火用水を加算する必要がある。

表8-1 配水池の容量に加算すべき人口別消火用水量

人　口　（万人）	消火用水量（m³）
1　未満	100
2	200
3	300
4	350
5	400

備考　1．人口については当該人口の万未満の端数を四捨五入して得た数による。

（水道施設設計指針2000）

(2) 配水管について

時間当りの1日最大給水量＋消火用水量＜時間最大給水量…10万人以上
時間当りの1日最大給水量＋消火用水量＞時間最大給水量…10万人以下

のようになることから，給水人口が10万人以下の配水管の設計では，表8-2に示すような消火用水量を加算して管の設計を行う。

表8-2 計画1日最大給水量に加算すべき人口別消火用水量

人　口　（万人）	消火用水量（m³/分）
1　未満	2　以上
2	4
3	5
4	6
5	7
6	8
7	8
8	9
9	9
10	10

備考　1．人口については，当該人口の万未満の端数を四捨五入して得た数による。

（水道施設設計指針2000）

2. 配水池

1.5 配水方式

配水管には，各家庭用分水栓が取り付けられていて，水道施設としての配水が行われる。配水方式には，配水池と給水区域の水位関係から，自然流下式とポンプ加圧式がある（図8-2）。

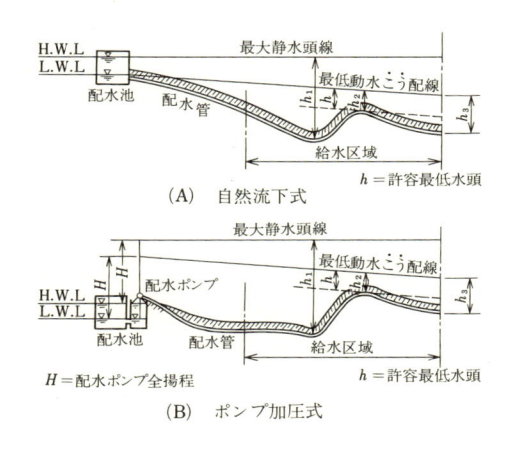

図8-2 配水方式

(1) 自然流下式

給水区域内やその近くに適当な高地のある場合，そこに設置した配水池から給水区域に自然流下で配水する。この場合，水圧調整に配慮する必要がある。

(2) 上記以外

上記のような適当な高地のない場合，配水地に設けた配水ポンプによって加圧し，給水区域に配水する。

2. 配水池

2.1 配水池

配水池は，浄水量に対する給水量の時間変動を調整することを目的としている。そのため，時々刻々変化する市民の水需要に対応できるだけの浄水を所要の量貯留するだけの容量を必要とする。配水池の例を図8-3に示す。

(1) 構造および形状

第8章 配水とポンプ設備

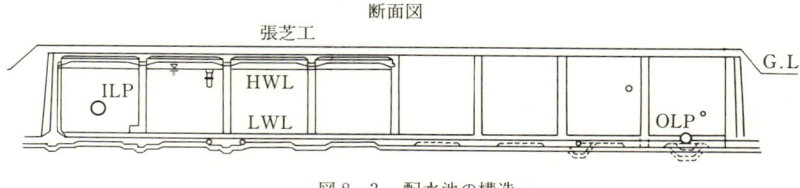

断面図

図8-3 配水池の構造

浄水施設のうちの浄水池に準じた構造および形状とする。

(2) 容量

有効容量は，計画1日最大給水量の8～12時間分とする。また，小規模水道ほど，給水量の時間的変化が大きいこと，消火用水量の割合がかなり大きくなることなどから，有効容量を大きくすることが必要となる。

(3) 有効水深

自然流下式の場合の有効水深は，給水区域内の配水管の動水圧を適当な範囲内に保てるよう，3～6m程度とし，余り深くしないようにする。

ポンプ圧送式の場合は，ポンプ吐出圧の調整は容易であるが，給水区域内の動水圧を$1.5\sim4.0\ kg/cm^2$に保つようにする。また，配水池の有効水深は，低水位でも，池内の浄水がポンプに円滑に充水されるようにする。

(4) 流入管・流出管・側管，越流および排水設備，換気装置・人孔および検水口，水位計

上記の設備は，浄水施設の浄水池設備に準じて設備する。

〔例題〕 計画給水人口40,000人，計画1人1日最大給水量400 l/人・日の配水池容量を決定せよ。ただし，当地の給水量の時間変化は，表8-3のような隣のA市の時間変化を参考とせよ。

〔解〕 表8-3より，図8-4のような給水量の時間変化を作成する。図中M-N線は，日平均時間給水量比1.0の線である。このM-N線以上の面積が配水池で貯留すべき1日量の比率となる。この部分の面積は，$S=5.64$と求まり，1日当り5.64時間分の貯水量が必要となる。

一方，計画1日最大給水量は次のようになる。

$$40,000\text{人}\times 0.4\ m^3/\text{人}\cdot\text{日}=16,000\ m^3/\text{日}$$

よって配水池容量は

3. 配水塔および高架タンク

表 8-3　A 市の給水量の時間変化

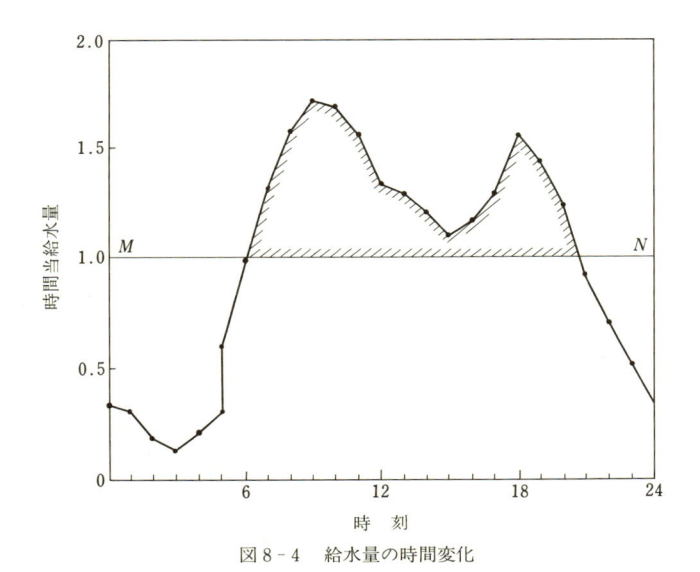

時	m³/時	時	m³/時	時	m³/時	時	m³/時
1	310	7	1,310	13	1,280	19	1,530
2	180	8	1,590	14	1,210	20	1,240
3	130	9	1,710	15	1,090	21	900
4	210	10	1,700	16	1,160	22	610
5	300	11	1,550	17	1,380	23	420
6	980	12	1,340	18	1,550	24	320

図 8-4　給水量の時間変化

$$V = 16{,}000 \text{ m}^3/\text{日} \times \frac{5.64 \text{ 時間}}{24 \text{ 時間}/\text{日}} = 3{,}760 \text{ m}^3$$

となり，これに消火用水量その他の水量を加えて，最終容量が決定される。

3. 配水塔および高架タンク

給水区域内に配水池を設ける適当な高所がない場合に，水圧調整，水量調整のために設ける。小規模水道では，ポンプの運転管理等から水圧調整のために設置することがある。配水塔および高架タンクは，地上高く設けられる構造物であるから，各種の外力（特に空のときの風圧，満水時の地震力）に対して耐

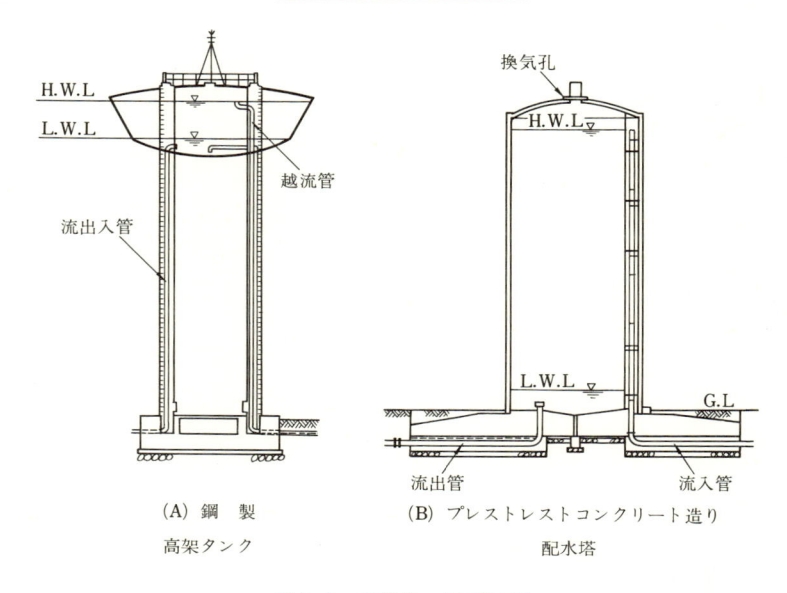

図8-5 高架タンクと配水塔

力上安全な構造とするため,鉄筋コンクリート造り,プレストレストコンクリート造り,または鋼製とする。配水塔および高架タンクの例を図8-5に示す。

3.1 構　造

構造的にも,衛生的にも安全で,十分耐久性,耐水性を有するものであることが必要である。寒冷地,酷暑地では,必要に応じて適当な保温・断熱装置を設ける。

3.2 容　量

容量は,配水池容量に準じた考え方が基本であるが,構造的・経済的制約から,一般には計画1日最大給水量の配水塔で3～6時間分,高架タンクで1～2時間分程度とする。

3.3 水　深

配水塔の総水深は20m程度を限定とする。また,利用可能な水頭は,総水深の上部1/2～2/3と考える。

3.4 流入管・流出管,側管,水位計に準じた設備

4. 配水管

配水管は，配水施設の一つとして，配水池等を始点として，給水区域内に配水するための管水路であり，幹線である配水本管と，給水分岐栓を取り付けて給水管に給水する配水支管とからなる。配水管は，全給水区域内にできるだけ水圧が均等になるように，また，水の流れに停滞する部分がないように，原則

表8-4 配水管に使用する管種の特徴

材質別	長　所	短　所
ダクタイル鋳鉄管	(1) 強度が大であり，耐久性がある。 (2) 強靱性に富み，衝撃に強い。 (3) 継手に伸縮可撓性があり，管が地盤の変動に追従できる。 (4) 施工性がよい。 (5) 継手の種類が豊富。	(1) 重量が比較的重い。 (2) 継手の種類によっては，異形管防護を必要とする。 (3) 内外の防食面に損傷を受けると腐食しやすい。
鋼管	(1) 強度が大であり，耐久性がある。 (2) 強靱性に富み，衝撃に強い。 (3) 溶接継手により，一体化ができ，地盤の変動には長大なラインとして追従できる。 (4) 加工性がよい。 (5) ライニングの種類が豊富。	(1) 溶接継手は，熟練工や特殊な工具を必要とする。 (2) 電食に対する配慮が必要である。 (3) 内外の防食面に損傷を受けると腐食しやすい。
硬質塩化ビニル管	(1) 耐食性に優れている。 (2) 重量が軽く，施工性がよい。 (3) 加工性がよい。 (4) 内面粗度が変化しない。 (5) ゴム輪形は，継手に伸縮可撓性があり，管が地盤の変動に追従できる。	(1) 低温時において耐衝撃性が低下する。 (2) 特定の有機溶剤及び熱，紫外線に弱い。 (3) 表面に傷がつくと強度が低下する。 (4) 継手の種類によっては，異形管防護を必要とする。
水道配水用ポリエチレン管	(1) 耐食性に優れている。 (2) 重量が軽く施工性がよい。 (3) 融着継手により一体化ができ，管体に柔軟性があるため，管路が地盤の変動に追従できる。 (4) 加工性がよい。 (5) 内面粗度が変化しない。	(1) 熱，紫外線に弱い。 (2) 有機溶剤による浸透に注意する必要がある。 (3) 融着継手では，雨天時や湧水地盤での施工が困難である。 (4) 融着継手は，コントローラや特殊な工具を必要とする。
ステンレス鋼管	(1) 強度が大であり，耐久性がある。 (2) 耐食性に優れている。 (3) 強靱性に富み，衝撃に強い。 (4) ライニング，塗装を必要としない。	(1) 溶接継手に時間がかかる。 (2) 異種金属との絶縁処理を必要とする。

水道施設設計指針2000

として網目状に配置する。

4.1 管　種
配水管の管種は，最大静水圧と水撃圧等の内圧と，土圧および路面荷重等の外圧に対して安全なものとする。配水管に使用する管種とその特徴を表 8-4 に示す。設計，使用に当たっては，日本工業規格（JIS）または日本水道協会規格（JWWA）における 1 種管，2 種管，3 種管等の区別により，条件に応じた適当な規格管を用いるようにする。

4.2 水　圧
配水管の水圧は，最大静水圧は規格最大静水圧を越えないようにする。動水圧については，最小道水圧は，$1.5 \sim 2.0 \text{ kg/cm}^2$ を標準とし，最大動水圧は最高 4.0 kg/cm^2 程度とする。

4.3 管　径
管径の決定にあたっては，平時，火災時の双方について水理計算を行い，動水圧がそれぞれ設計上の最小動水圧を下回らないよう管径を決定する。

4.4 流量公式
我国で一般に用いられている管水路の流量公式は，

・Hazen-Williams 公式

・Ganguillet-Kutter 公式

・池田公式

であるが，最も代表的なものは Hazen-Williams 公式であり，次のように示される。

$$v = 0.35464 \cdot C \cdot D^{0.63} \cdot I^{0.54} \quad (8-2)$$

$$Q = 0.27853 \cdot C \cdot D^{2.63} \cdot I^{0.54} \quad (8-3)$$

$$D = 1.6258 \cdot C^{-0.38} \cdot Q^{0.38} \cdot I^{-0.205} \quad (8-4)$$

$$I = 10.666 \cdot C^{-1.85} \cdot D^{-4.87} \cdot Q^{1.85} \quad (8-5)$$

$$C = 3.5903 \cdot Q \cdot D^{-2.63} \cdot I^{-0.54} \quad (8-6)$$

ここに，v：平均流速　　　　（m/秒）　　Q：流量　　（m³/秒）

I：動水勾配（$=h/L$）（－）　　L：管渠延長（m）

h：摩擦損失水頭　　　　（m）　　　C：流速係数（－）
D：管内径　　　　　　　（m）　　　R：径深　　　（m）

　流速係数Cは，表8-5のようである。また，鋳鉄管の通水年数と流速係数Cの関係については，図8-6のように示されている。

表8-5　ヘーゼン・ウイリアムス公式のCの値

管　　種	管路におけるCの値	備　　考
モルタルライニング鋳鉄管	110	屈曲損失等を別途に計算するとき，直線部のCの値を130にすることができる。
塗 覆 装 鋼 管	110	
硬質塩化ビニル管	110	
水道配水用ポリエチレン管	110	
ステンレス鋼管	110	

（水道施設設計指針・解説）

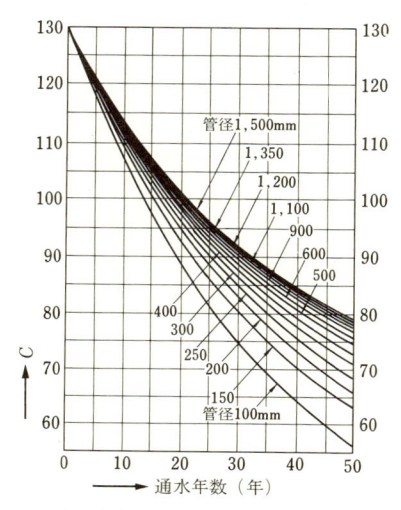

モルタルライニングを行わない鋳鉄管における通水年数と流速係数Cとの関係曲線

図8-6　流速係数Cの変化

4.5　配水管の配置

　配水管は，網目状に配置し，行止り管となることを避ける。行止まり管では管内水が停滞し，さびこぶの発生，水質の悪化が生じやすい。

4.6 埋設位置および深さ

配水管を公道に布設する場合は，道路法やその他の関係法令によるとともに道路管理者と協議する。

埋設する場合には，路面荷重，他の地下埋設物，凍結深度等に十分配慮する。

4.7 制水弁

配水管には，事故・工事など，維持管理のための制水弁を設置する。このため，制水弁の設置数を必要最小限にとどめる一方，制水操作による断水区域をできるだけ最小限にとどめるように工夫する。

4.8 空気弁

管内の凸部には水中の溶解空気が遊離してたまるようになり，通水を妨げるようになる一方，断水等で管内水を排水すると管内が真空に近い状態になり，外部により管がつぶれたりすることがある。管内空気の排除と管内への空気の吸引のため，管路の凸部などに空気弁を設置する。

4.9 消火栓

道路の交差点，分岐点のように消火活動に便利な場所および配水交差点のように，水が多方より集まりやすい地点に消火栓を設ける。道路途中でも，建物の状況に応じて100～200m間隔に消火栓を設けるようにする。

4.10 流量計

配水本管の始点には，日々の配水量とその時間変化を把握するために，ベンチュリ管，電磁流量計，超音波流量計などの流量計を設置する。

4.11 その他の付帯事項

その他の付帯事項については，第5章の導水管に準ずる。

- 排水設備
- 人孔
- 伸縮継手
- 管の基礎
- 異形管防護
- 電触防止
- 軌道横断

- 河川横断
- 水管橋,橋梁添架
- 河底伏越し

5. 管網流量の計算
5.1 Hardy-Cross 法
管網流量の計算方法は,反復近似解法であるHardy-Cross法が代表的であり,流量公式としてはHazen-Williams公式が実用上便利で,広く採用されている。

計算の考え方

1) いま,一本の管水路を考える。

Hazen-Williams公式より,損失水頭hと流量Qとの間に,次式が成立する。

$$h = r \cdot Q^n \qquad (8-7)$$

n:流量の指数(1.75~2.00, H-W式では1.85)
r:流水の抵抗または単位流量に対する損失水頭)

2) この管路において$Q \rightarrow Q+\Delta Q$と変化したとすると,hもΔhだけ増加する。

$$h + \Delta h = r(Q + \Delta Q)^n \qquad (8-8)$$

右辺を二項定理で展開すると次のようになる。

$$h + \Delta h = r\left\{Q^n + nQ^{n-1} \cdot \Delta Q + \frac{n(n-1)}{1 \cdot 2} \cdot Q^{n-2} \cdot (\Delta Q)^2 \right. $$
$$\left. + \frac{n(n-1)(n-2)}{1 \cdot 2 \cdot 3} \cdot Q^{n-3} \cdot (\Delta Q)^3 + \cdots\cdots\right\} \qquad (8-9)$$

3) ΔQはQに比べて極めて小さい量だから,第3項以下は省略する。

$$h + \Delta h = r \cdot Q^n + r \cdot n \cdot Q^{n-1} \cdot \Delta Q \qquad (8-10)$$

式(8-7)より

$$r = \frac{h}{Q^n} \qquad (8-11)$$

よって，

$$\Delta h = r \cdot n \cdot Q^{n-1} \cdot \Delta Q = \frac{h}{Q^n} \cdot n \cdot \Delta Q \cdot Q^{n-1} = \frac{h}{Q} \cdot n \cdot \Delta Q \tag{8-12}$$

4) 次に2本の分流管を考える（図8-7）。

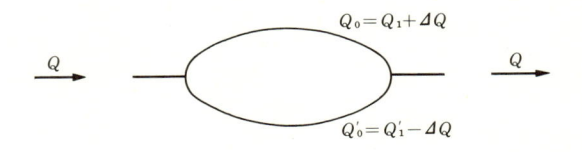

図8-7 分流の考え方

ここに，

Q：本流量

Q_0, Q_0'：真の流量

Q_1, Q_1'：仮定流量

ΔQ：仮定流量の真の流量に対する誤差

5) $Q = Q_0 + Q_0' = Q_1 + Q_1'$ \hfill (8-13)

$Q_0 = Q_1 + \Delta Q$ \hfill (8-14)

$Q_0' = Q_1' - \Delta Q$ \hfill (8-15)

6) h_0 ……… Q_0 に対する損失水頭

h_0' ……… Q_0' に対する損失水頭とすると

$h_0 = h_0'$ \hfill (8-16)

h_1 ……… Q_1 に対する損失水頭

h_1' ……… Q_1' に対する損失水頭とすると

$h_1 \neq h_1'$（誤差 ΔQ のため） \hfill (8-17)

7) 単一管路の場合と同様に

$$h_0 = r \cdot Q_0^n = r(Q_1 + \Delta Q)^n = rQ_1^n + n \cdot r \cdot Q_1^{n-1} \cdot \Delta Q \tag{8-18}$$

5. 管網流量の計算

$$h_0' = r \cdot Q_0'^n = r'(Q_1' + \varDelta Q)^n = rQ_1^n + n \cdot r' \cdot Q_1'^{n-1} \cdot \varDelta Q \tag{8-19}$$

一方,

$$h_1 = rQ_1^n, \quad h_1' = r' \cdot Q_1'^n, \quad h_0 - h_0' = 0 \text{ より}$$

$$h_0 - h_0' = (h_1 - h_1') + n(rQ_1^{n-1} \cdot \varDelta Q + r' \cdot Q_1'^{n-1} \cdot \varDelta Q)$$
$$= 0 \tag{8-20}$$

$$h_1 - h_1' = -n \cdot \varDelta Q (r \cdot Q_1^{n-1} + r' \cdot Q_1'^{n-1}) \tag{8-21}$$

$$\varDelta Q = \frac{-(h_1 - h_1')}{n \cdot (r \cdot Q_1^{n-1} + r' \cdot Q_1'^{n-1})} \tag{8-22}$$

8) 一般に管路の数がいくら多くても、1つの回路に対しては仮定流量に対する補正流量$\varDelta Q$は、

$$\varDelta Q = \frac{-\Sigma h}{n \Sigma r \cdot Q_1^{n-1}} = \frac{-\Sigma (r \cdot Q^n)}{n \Sigma r \cdot Q_1^{n-1}} \tag{8-23}$$

9) Fair の改良法では、

$$Q_1^{n-1} = \frac{r \cdot Q^n}{Q} = \frac{h}{Q} \tag{8-24}$$

より,

$$\varDelta Q = \frac{-\Sigma h}{n \Sigma \frac{h}{Q}} \tag{8-25}$$

10) 一般に、式(8-25)が用いられ、Hazen−Williams 公式では、$n = 1.85$ より

$$\varDelta Q = \frac{-\Sigma h}{1.85 \Sigma \frac{h}{Q}} \tag{8-26}$$

5.2 Hardy−Cross 法を用いた計算例

・仮定流量は、管径にふさわしい値を適宜定める。
・各節点における流出水量は、流入水量に等しくする。
・Qとhは、水流方向の右回りを＋、左回りを−と便宜上定める。

第8章　配水とポンプ設備

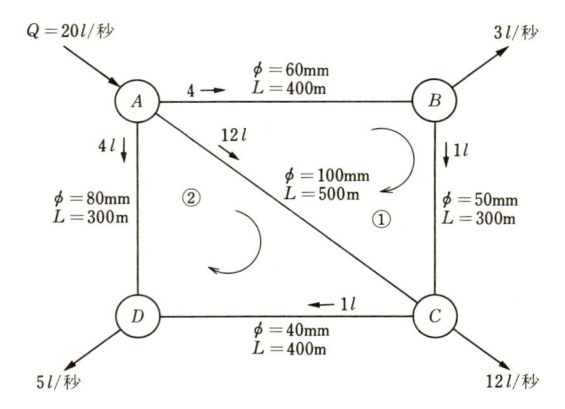

```
Q=20l/秒 →  A ──4→── B  → 3l/秒
              φ=60mm
              L=400m
         4l↓      12l↓       ↓1l
              φ=100mm   φ=50mm
  φ=80mm   ②  L=500m   L=300m
  L=300m        ①
              
         D ──←1l── C
           φ=40mm
           L=400m
  5l/秒              12l/秒
```

図 8-8　管路網

表 8-6　Hardy-Cross 法の計算表

回路番号	管路記号	管径 D (m)	延長 L (m)	流速係数 C (—)	流量 Q (m³/s)	水頭 h (m)	$\dfrac{h}{Q}$	$1.85\sum\dfrac{h}{Q}$	求めた ΔQ $\dfrac{-\sum h}{1.85\sum\dfrac{h}{Q}}$	修正すべき ΔQ_R	修正後の流量
仮定値による計算 ①	A—B	0.06	400	140	0.004	14.93	3,733	12,605.9	−0.00041	−0.00041	0.00359
	B—C	0.05	300	140	0.001	2.09	2,094			−0.00041	0.00059
	A—C	0.10	500	140	−0.012	−11.84	987			−0.00041+0.00094	−0.01147
						5.18	6,814				
②	A—C	0.10	500	140	0.012	11.84	987	18,413.1	−0.00094	−0.00094+0.00041	+0.01147
	C—D	0.04	400	140	0.001	8.28	8,276			−0.00094	0.00006
	D—A	0.08	300	140	−0.004	−2.76	690			−0.00094	−0.00494
						17.36	9,953				
一次修正値による計算 ①	A—B	0.06	400	140	0.00359	12.21	3,403	10,519.1	−0.00020	−0.00020	0.00339
	B—C	0.05	300	140	0.00059	0.78	1,334			−0.00020	0.00039
	A—C	0.10	500	140	−0.01147	−10.89	949	10,519.1	−0.00020	−0.00020	0.00039
						2.10	5,686				
②	A—C	0.10	500	140	+0.01147	10.89	949	4,630.6	−0.00148	−0.00148+0.00020	0.01019
	C—D	0.04	400	140	0.00006	0.04	729			−0.00148	−0.00142
	D—A	0.08	300	140	−0.00494	−4.08	825			−0.00148	−0.00642
						6.85	2,503				
決定値 ①	A—B	0.06	400	140	0.00339						
	B—C	0.05	300	140	0.00039						
	A—C	0.10	500	140	−0.01019						
②	A—C	0.10	500	140	0.01019						
	C—D	0.04	400	140	−0.00142						
	D—A	0.08	300	140	−0.00642						

6. ポンプ設備

図8-8に示されるような管路網における各管路の流量を求める。計算は表8-6に示されるような計算量によって行う。

以上の結果

$A-B$間　　$Q_{A-B}=3.39 l/秒$　　$v_{A-B}=1.20$ m/秒
$B-C$間　　$Q_{B-C}=0.39 l/秒$　　$v_{B-C}=0.20$ m/秒
$C-D$間　　$Q_{C-D}=1.42 l/秒$　　$v_{C-D}=1.13$ m/秒
$A-D$間　　$Q_{A-D}=6.42 l/秒$　　$v_{A-D}=1.28$ m/秒
$A-C$間　　$Q_{A-C}=10.19 l/秒$　　$v_{A-C}=1.30$ m/秒

6. ポンプ設備

　水道においては，原水を取水して浄水を市民に供給するまでに多種多様の機械・電気装置・設備が設置され使用されている。これらの装置・設備類は，技術開発によりめざましい発達をしている。水道における機械設備の中でも，最も重要なのはポンプ設備である。

6.1 ポンプ設備

(1) ポンプの種類と選択

　水道水の主ポンプとしては次のようなものがある。

a．遠心ポンプ：最も多く使用されている。羽根車の回転によって水に遠心力を与えて送り出すもの。効率高く，水量少なくても高揚程のものに適する。

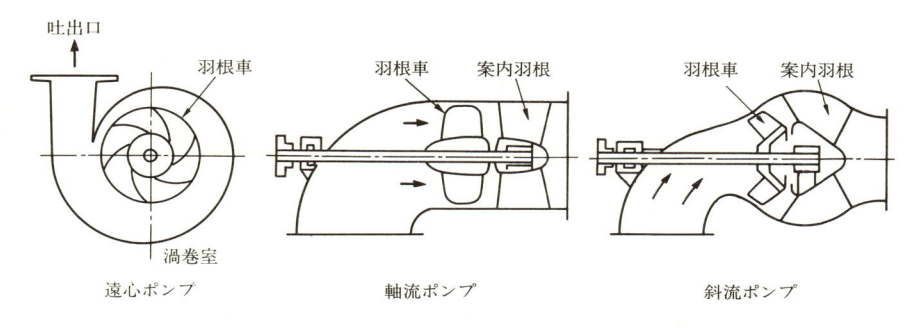

図8-9　ポンプの概略

b．軸流ポンプ：スクリュウのような羽根車によって水に推進力（揚力）を与えて送り出すもの。多量で低揚程のものに適する。

c．斜流ポンプ：遠心ポンプと軸流ポンプの中間。遠心力と推進力によって水を送り出す。中水量，中揚程。

図8-9にポンプの概略図を示し，表8-7にポンプの選択の概要を示す。

表8-7　ポンプの選択

	渦巻ポンプ	斜流ポンプ	軸流ポンプ
揚　程	高揚程 20m 以上	中揚程 6 m 以下	低揚程 3.5m 以下
口　径	50〜200mm	200mm 以上 ただし，全揚程が高くても大水量の場合よい。	300mm 以上

(2) 計画水量とポンプの台数

ポンプは，できるだけ最高効率点付近で運転できるよう，容量ならびに台数を決定するが，同一容量のものを揃えることが望ましい。表8-8に，取水・導水・送水ポンプ，表8-9に配水ポンプの計画水量と台数を示す。

表8-8　取水ポンプ，導水ポンプおよび送水ポンプの計画水量と台数

水量　m³/日	台数　（　）内は予備	台　数　計
2,800　まで	1（1）	2
2,500〜10,000	2（1）	3
9,000　以上	3（1）以上	4以上

表8-9　配水ポンプの計画水量と台数

水量　m³/日	台数　（　）内は予備	台　数　計
125　まで	2（1）	3
120〜450	大　1（1） 大　1	大　2 小　1
400　以上	大 3〜5（1）以上 小　1	大 4〜6 以上 小　1

(3) 口　径

ポンプの大きさは，吸込口径と吐出し口径とによって表す。ポンプの口径は，ポンプの吐出し量が基準となることから，吸込口および吐出し口の流速を用い

て，（8-27）式で定める。ポンプの吸込口流速は，1.5～3 m/秒を標準とする。

$$D = 146\sqrt{\frac{Q}{V}} \qquad (8\text{-}27)$$

ここに，
  D：ポンプの口径（mm）
  Q：ポンプの吐出し量（m³/分）
  V：吸込口または吐出し口の流速（m/秒）

(4) **全揚程**

ポンプの吐出し水位と吸込水位との差を実揚程といい，これに吸込管路，吐出し管路の損失水頭を加えて，ポンプの全揚程とする。

$$H = h_a + \sum h_f + h_0 \qquad (8\text{-}28)$$

ここに，
  H ：全揚程（m）
  h_a ：実揚程（m）
  $\sum h_f$：管路の損失水頭の和（m）
  h_0 ：管路末端の残留速度水頭（m）

(5) **ポンプの特性**

ポンプは，（8-29）式で示される比較回転度N_sの大小によって，その形式が変わってくる。

ここに，
  N：ポンプの規程回転数（r/分）
  Q：ポンプの吐出し量（m³/分）（両吸込みでは1/2）
  H：ポンプの規定全揚程（m）

$$N_s = \frac{N \times Q^{1/2}}{H^{3/4}} \qquad (8\text{-}29)$$

N_sが小さいと一般に水量が少ない高揚程のポンプを意味し，大きいと水量の多い低揚程のポンプとなる。また，水量および全揚程が同じであれば，回転数が大きいほどN_sが大きく，したがって，小形となり一般に価格が安くなる。

表8-10にポンプの形式とN_sとの関係を示す。

表8-10 ポンプの形式と比較回転度 N_s との関係

形式		N_s
タービンポンプ	単段式片吸込および両吸込形	100～300
	多段式	120～200
ボリュートポンプ	単段式片吸込形	100～450
	単段式両吸込形	120～700
	多段式	120～200
斜流ポンプ	立て軸単段式	500～1,200
	立て軸多段式	250～800
	横軸型	700～1,200
軸流ポンプ		1,200～2,000

(水道施設設計指針・解説)

(6) 軸動力

ポンプ軸の所要動力をポンプの軸動力といい，式（8-30）で求められる。

$$L = 0.163 \frac{r \cdot Q \cdot H}{\eta} \tag{8-30}$$

ここに，

L：ポンプの軸動力（kW）

r：溶液の単位体積当りの重量（kg/l）

Q：吐出し量（m³/分）

H：全揚程（m）

η：ポンプ効率（－）

(7) 原動機出力

ポンプの原動機出力は軸動力余裕を見込んだものとし，表8-11にこれを示す。

6. ポンプ設備

表 8-11 原動機の余裕 (%)

原動機種類 ポンプの形式		電　動　機		内　燃　機　関	
		揚程の変動が比較的少ない場合	揚程の変動が比較的多い場合	揚程の変動が比較的少ない場合	揚程の変動が比較的多い場合
うず巻ポンプ	高　揚　程	15	20	20	30
	中, 低揚程	10	15	15	20
斜　流　ポ　ン　プ		15	20	25	30
軸　流　ポ　ン　プ		20	25	30	35

（水道施設設計指針・解説）

$$P_m = P(1+\alpha) \tag{8-31}$$

ここに，

　　P_m：原動機出力

　　P　：ポンプ軸動力

　　α　：余裕値

(8) キャビテーション防止

ポンプ内でのキャビテーションの発生は，ポンプ性能の低下，振動・騒音の発生，材料の侵食等の問題を呈する。このため，吸い上げ揚程をできるだけ小さくし，回転数を選定する。

(9) 水撃作用防止

運転中のポンプが停電等によって停止した場合，ポンプの吐出し側管路に急激な圧力変動を生じ，水撃作用を生じる恐れがある。このような場合，

　1）ポンプにフライホイールをつける。

　2）吐出し管側にサージタンクを設ける。

　3）ポンプ吐出し口に緩閉式逆止弁を設ける。

などの対策を講じておく。

(10) ポンプます

ポンプます内で，水流の乱れ，空気の吸込み，水流芯の偏寄などのないようにポンプますの大きさ，構造，形状，吸込み管の配置等に十分配慮する。

第 9 章　給　水

1.　給　水

　水道事業者の布設した配水管から，給水分岐栓等により分岐して設けられた給水管と，これに直結する給水栓等の給水装置により，市民（需要者）に飲用その他に適する浄水を供給することを給水という。これに必要とする給水用具を給水装置という。給水装置は，生活水準の向上と生活様式の多様性に伴い，種々の新製品が開発されている。ただし，給水装置の工事費の大部分は，需要者の負担となる。

2.　給水装置の要件
(1)　需要者の必要水量を十分供給できる。
(2)　構造的にも水質的にも安全で耐久性があり，漏水の心配のないこと。

3.　給水方式
(1)　**直結式**

　配水管の管径および水圧が給水装置の使用水量に対して十分な場合に用いる。一般家庭に多い（図 9-1）。水質的にも安全であり，今後，中高層住宅が増えることも考えられ，中高層階への直結給水は増える可能性が大きい。

3. 給水方式

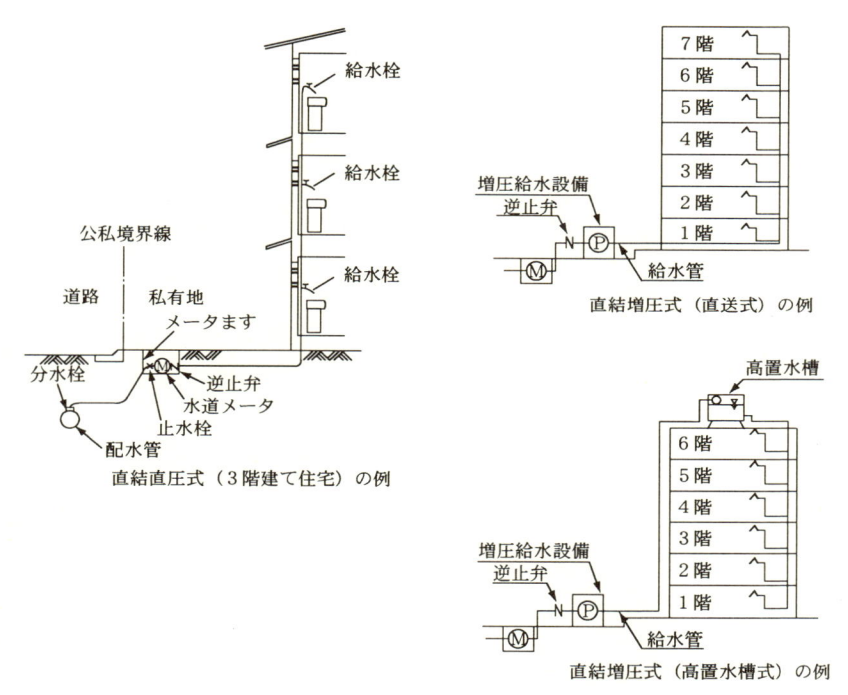

図9-1 直結式給水
水道施設設計指針2000

(2) **タンク式**

配水管の水圧が不足したり，一時に大量の水を使用する場合に用いる。アパート，ビルなどに多い（図9-2）。受水タンク以降の設備の管理や水質の責任は設備の設置者または水の需要者により行われる。

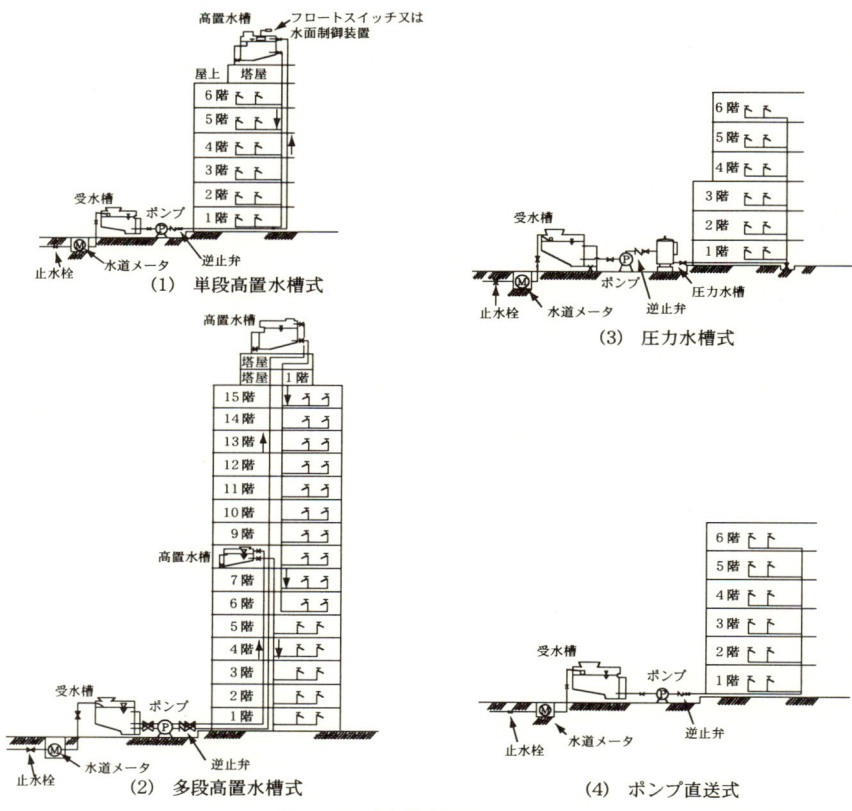

図 9-2　受水槽式給水の一般図
水道施設設計指針2000

(1) 単段高置水槽式
(2) 多段高置水槽式
(3) 圧力水槽式
(4) ポンプ直送式

4. 設計水量

　一栓当りの使用水量に給水栓数を乗じたものの和が，給水装置の設計水量となる。表9-1に種類別吐水量，表9-2に給水栓の標準使用水量を示す。

5. 給水管

(1) 給水管の管径

　給水管の管径は配水管の計画最小動圧のときにおいても，その設計水量を十分に供給しうる大きさとする。ただし，停滞水等のないように留意する。

5. 給水管

表9-1 種類別吐水量とこれに対応する給水器具の口径

用　　途	使用水量 (l/min)	対応する給水器具の口径 (mm)	備　　考
台　所　流　し	12～40	13～20	
洗　濯　流　し	12～40	13～20	
洗　　面　　器	8～15	13	
浴　槽（和　式）	20～40	13～20	
浴　槽（洋　式）	30～60	20～25	
シ　ャ　ワ　ー	8～15	13	
小便器（洗浄水槽）	12～20	13	1回（4～6秒）の吐出量 2～3 l
小便器（洗浄弁）	15～30	13	
大便器（洗浄水槽）	12～20	13	
大便器（洗浄弁）	70～130	25	1回（8～12秒）の吐出量 13.5～16.5 l
手　　洗　　器	5～10	13	
消火栓（小　型）	130～260	40～50	
散　　　　水	15～40	13～20	
洗　　　　車	35～65	20～25	業務用

表9-2 給水器具の標準使用水量

給水器具の口径　(mm)	13	20	25
標準使用水量　(l/min)	17	40	65

(2) **管　種**

　鋳鉄管，鋼管，鉛管，銅管，硬質塩化ビニル管，ポリエチレン管が給水管として使用されている。

(3) **給水管の水理**

　鉛管・銅管・硬質塩化ビニル管・鋼管およびポリエチレン管などの管径が50 mm以下の給水管の摩擦損失水頭の計算は，次のWeston公式により定める（75 mm以上の場合は，配水管の考え方に従う）。

$$h = \left(0.0126 + \frac{0.01739 - 0.1087d}{v}\right) \cdot \frac{1}{d} \cdot \frac{v^2}{2g} \qquad (9-1)$$

　l：管長 (m) 　　　　　　　　h：管の摩擦損失水頭 (m)
　d：管の実内径 (m) 　　　　　v：管の平均流速 (m/秒)
　g：重力の加速度 (9.8 m/秒²)

6. 水道メーター

　水道メーターは，給水装置に取り付け，需要者が使用する水量を計量し，水道料金計算の基礎とするものである。適正な計量を行うために，給水装置の使用実態を考慮して，適正な口径，形式のものを選択使用する。表9-3に水道メーター適正使用流量を示す。

表9-3　水道メーター型式別使用流量基準の例

型式および口径 (mm)	適正使用流量範囲 (m^3/h)	一時的使用の許容流量(m^3/h)		1日当たりの使用量 (m^3/d)			1か月当たりの使用量 ($m^3/月$)
		1時間/日以内使用の場合	瞬時的使用の場合	1日使用時間の合計が5時間のとき	1日使用時間の合計が10時間のとき	1日24時間使用のとき	
接線流羽根車							
13	0.1 ～ 0.8	1	1.5	3	5	10	85
20	0.2 ～ 1.6	2	3	6	10	20	170
25	0.23～ 1.8	2.3	3.4	7	11	22	190
30	0.4 ～ 3.2	4	6	12	19	38	340
注）40A	0.5 ～ 4	5	7.5	15	24	48	420
注）40B	0.6 ～ 4.8	6	9	18	29	58	500
たて型ウォルトマン							
40	0.4 ～ 6.5	8	12	24	39	78	700
50	1.25～ 15	25	37	56	90	180	2,100
75	2.5 ～ 30	50	75	112	180	360	4,200
100	4 ～ 48	80	120	180	288	576	6,700
125	5 ～ 60	100	150	225	360	720	8,300
150	7.5 ～ 90	150	225	335	540	1,080	12,500
200	13 ～156	260	390	585	936	1,872	21,700
250	17.5 ～210	350	575	785	1,260	2,520	29,200
300	22.5 ～270	450	675	1,010	1,620	3,240	37,500
350	27.5 ～330	550	825	1,230	1,980	3,960	45,800

7. 給水器具

(1) 要件

・衛生上無害であること。

・一定の水圧（17.5 kg/cm²）に耐えること。

・容易に破損，腐蝕しないこと。

・損失水頭が少なく，過大な水撃作用を生じないこと。

・水が逆流せず，停滞水を容易に排出できること。
・使用上便利で，外観が美しいこと。

(2) 分水栓

配水管から給水管を分岐して取り出すための器具。

(3) 止水栓

給水の開始，中止および装置の修理その他の目的で，給水を制限または停止するためのものであり，給水装置には必ず設ける。

(4) 給水栓

水を給水管から使用者に供給するもので，

　　水飲み水栓（蛇口）

　　フラッシュバルブ（大・小便器洗浄用）

　　ボールタップ

など多くの種類がある。

8. 用水設備

タンク式給水において，水道水を一旦受水タンクに落とし込み，ポンプで高置タンクまたは気圧タンクに圧送したうえ，配管設備によって円滑に飲料水を供給する設備であり，飲料水が汚染を受けないような配慮が必要である。

(1) **受水タンク**

水道水を一旦受け入れて，ポンプで高置タンクなどに送ることができるようになったもの。

有効容量は，1日最大使用水量の4/10～6/10を標準とする。

汚染を受けないよう，受水タンクは建築物の床・壁などから独立したものとする。オーバーフロー管，配水管，通気装置を取り付ける。

(2) **高置タンク**

ポンプで汲み上げられた浄水を建物の中層または屋上に貯え，建物内の水の需要に供するもの。

・高置タンクの高さは，建築物最上階の給水栓等から上に5m以上の位置を
　タンクの低位とする（大便器洗浄弁のある場合には，10m以上の位置とす

る)。
・有効容量は，1日最大使用水量の1／10を標準とする。

(3) **配管設備**

用水設備の配管設備は，
・保守点検が容易に行える。
・管の損傷防止等の措置を講じたもの。
・管内の水が汚染されないもの。

などであることが必要である。

9. 注意事項

給水管を，飲料水以外を目的として水道に接続すると，時として水の逆流が生じて飲料水用給水系が汚染されることがあるので，このような接続は避けるようにする。

また，次のような場合には，十分な配慮が必要である。

(1) **給水管を防火タンク，水泳プール，池などに取り付ける場合**

管の吐出し口が水面下にあると，配水管の水圧が極度に低下したり，断水したとき，管内に負圧が生じて逆流することがあるので，タンクに越流装置を設ける。給水管の吐出口は落とし込みとし，その高さをタンクの満水面から管径以上の高さとする。

(2) **水洗便所**

給水管を大便器洗浄用として直結する場合，便器が閉塞し，汚水が便器の洗浄孔以上にたまったとき，汚水が給水管に逆流することのないよう洗浄弁の手前に逆止弁を設ける。

(3) **受水タンク**

タンク給水方式の場合，給水管から受水タンクへの吐出口については，(1)と同様な注意を要する。

第10章 これからの水道の展望と課題

1. 日本の水道の現況

　日本の水道普及率は96％を越えている。これは国民の生活用水供給のほとんどが水道に依存していることを示すものであり、極めて多くの国民が「安全で良質な水が必要に応じて常時不自由なく水道から供給される」という水道の恩恵を受けている訳である。

　逆に水道がその責務を果たせないときの国民生活に対する影響はきわめて大きい。すなわち、水源水質の悪化、大規模な渇水、天災による事故、施設の事故など何等かの問題によって給水が受けられなくなったときの国民の日常生活への悪影響は計り知れないものがある。したがって、水道の安定性、安全性は今後とも水道の永久的向上目標として努力することが望まれる。

　また、水道未普及は地方の農山漁村部が多く、全国民の4％弱ではあるが人口では400万人以上であり、絶対数としては極めて大きい数である。今後このような人々にも水道の恩恵が受けられるべく水道普及率を高める必要がある。

2. これからの水道整備の長期目標－厚生省の対策

　水道の所管省庁である厚生省では、水道整備の長期的な目標を明らかにすることを提言した生活環境審議会の答申を受けて、「21世紀に向けた水道整備の長期目標－ふれっしゅ水道計画」を策定している。これは、

　ふ～　普及率向上による国民皆水道利用
　れ～　レベルアップでサービスの高い水道
　つ～　強い水道 ―― 耐災害性
　し～　信頼できる安全でおいしい水
　ゆ～　ゆとりと安定性の高い水道

をキャッチフレーズとして、3つの基本方針と7つの水道整備目標を示してい

る。
基本方針
① すべての国民が利用可能な水道
　　　水道普及率の低い農山漁村部や地下水汚染地域部の水道普及
② 安定性の高い水道
　　　渇水や地震等の災害に強い水道施設
③ 安全な水道
　　　国民が安心して利用できる安全な水質確保

長期目標として
① 水道水源の開発
　　　なお増加する水道水の需要や現状の不安定取水に対応する。
② 上水道施設の整備
　　　水道のより普及のため水道の整備や施設の増設を図る。
③ 簡易水道施設の整備
　　　普及率の低い地域に簡易水道施設や飲料水供給施設の整備を図る。
④ 老朽施設の更新および基幹施設の耐震化
　　　給水の安定性の向上のため老朽化した水道施設（管路・浄水）の更新および浄水場，配水池，主要管路等基幹施設の耐震化を進める。
⑤ 緊急時給水拠点の確保
　　　大規模災害発生時に対応可能な配水施設等の機能拡充
⑥ 高度浄水施設の整備
　　　おいしくて安全な水の供給のため，水源の水質汚濁に対応可能な高度処理施設の整備を図る。
⑦ 直結給水対象の拡大
　　　3階〜5階建て建築物までの直結給水を可能とするための必要施設を長期的に整備する。

3. 渇水問題 —— 平成6年列島渇水

平成5年は降水量は1,900 mmを越え全国的に多雨低温であり，関東北陸以

北の米作は平年を大きく下回り，米をタイ，フィリピン，中国等から緊急輸入するほどの社会問題までに発展した。一方，平成6年は全国的に春から夏，秋にかけて平年に比べて1℃から1.5℃ほど高温傾向がみられ，さらに降水量は1,163 mmと気象庁始まって以来の少雨となった。この少雨はことに西日本地方に異常渇水をもたらす結果となった。表10-1に平成6年～平成7年の取水制限状況を示す。その結果，水道利用者も平成6年5月頃から，渇水による影響を徐々に受け始め，9月15日には最大の約1,176万人が減圧給水や時間給水の影響を受けるに至った。この渇水は冬を迎えても解消せず，平成7年6月の入梅まで続いていた。図10-1に平成6年の渇水における水道用水の影響人口の推移を示す。

渇水に対する対策と課題としては緊急時のものとして図10-2，中長期的なものとして図10-3などが国土庁で作成されている。

4. 震災－阪神大震災

平成7年1月17日午前5時46分ごろ，淡路島を震源地とするマグニチュード7.2の兵庫県南部地震が発生した。被害は死者5,500人を越え，全半壊一部損壊等の住家被害は20万戸以上，水道，電気，ガス，通信，下水道等ライフラインも大きな損害を受け，神戸を中心に多くの市民が大きな被害を受けた。

水道施設は9府県，68市町村，81水道事業体において配水管，給水管を中心に管路施設の破損の被害が生じた。兵庫県の水道事業の被害総額は，約600億円にのぼるとされている。表10-2に府県別断水戸数を，図10-4に兵庫県内の断水戸数の減少状況を示す。

・地震後の対応策

生活用水の確保のためには，他の自治体や自衛隊の応援による給水車による給水，ボトルウォーター購入，河川水等の利用がなされている。

```
消火用水　　　　海水，河川水の利用
飲料水　　　　　給水車，ボトルウォーター
トイレ用水　　　プール，河川水
洗　濯　　　　　河川水
```

第10章 これからの水道の展望と課題

表10-1 平成6〜7年の取水制限状況（平成7年6月1日現在）

水系名	ダム名	取水制限実施延べ期間	最大取水制限率 上水	最大取水制限率 工水	最大取水制限率 農水
那珂川	—	4.28〜 5.6	10	10	15
利根川	上流8ダム	7.22〜 9.19	30	30	30
荒川	二瀬ダム	8.17〜 9.19	上水3.7m³/s 削減 農水1.0m³/s 削減		
信濃川	—	7.30〜 8.1	30	30	—
		8.3〜 8.21	50	50	—
大井川	—	7.12〜 10.1	20	38	50
		7.3.11〜 4.4	10	15	15
天竜川	—	6.16〜 6.20	5	10	10
		7.15〜 9.19	10	30	30
		12.17〜7.4.8	5	10	10
	美和ダム	7.14〜 8.5	—	—	30
		8.17〜 9.9	—	—	25
矢作川	矢作ダム	5.30〜 9.20	33	65	65
木曽川	岩屋ダム	6.9〜 11.14	35	65	65
	牧尾ダム	6.1〜 11.14	35	65	65
	阿木川ダム	7.11〜 11.14	35	65	—
	横山ダム	7.18〜 9.19	—	—	70
豊川	宇連ダム	6.16〜 10.25	35	60	60
		7.2.10〜 4.25	20	40	40
櫛田川	蓮ダム	7.23〜 7.27	10	20	20
雲出川	君ヶ野ダム	7.23〜 8.15	10	20	20
淀川	琵琶湖	8.22〜 10.4	20	20	20
	木津川3ダム	8.15〜 10.4	10	—	10
	室生ダム	7.9〜 9.20	58	農水2.3m³/sのうち 0.3m³/s	
	一庫ダム	8.8〜7.5.12	30	—	40
加古川	—	7.26〜 9.26	30	40	40
揖保川	引原ダム	8.4〜 9.28	—	90	50
紀の川	猿谷ダム	7.12〜 8.13	30	30	30
芦田川	三川ダム	7.7〜7.5.3	30	68	90
高梁川	—	7.26〜7.1.20	50	70	90

4. 震災－阪神大震災

水系名	ダム名	取水制限実施延べ期間	最大取水制限率		
			上水	工水	農水
旭　川	旭川ダム	8.17～　11. 8	20	30	50
太田川	－ (江の川水系土師 ダムから分水)	7.19～　10.24	27	60	60
小瀬川	弥栄ダム	12.19～7. 5.11	10	55	－
佐波川	島地川ダム 佐波川ダム	9. 1～7. 4.15	20	20	20
吉野川	早明浦ダム	6.29～　8.19	香川75　徳島22		
		8.31～　11.14	香川50　徳島25.7		
		7. 3.10～　4.28	香川10　徳島23.2		
	柳瀬・新宮ダム	7. 5～　9.30	5	57	22.4
重信川	石手川ダム	6.25～7. 5. 2	42	－	67
物部川	永瀬ダム	7.18～　7.26	－	－	25.8
		9.22～　10. 4	－	－	25.8
仁淀川	大渡ダム	7.12～　7.26	－	－	56
		9.26～　9.29	－	－	38
那賀川	小見野々ダム 長安口ダム	7.15～　7.25	－	20	5
		7. 3. 8～　4.28	－	20	50
筑後川	江川・寺内ダム	7. 7～7. 6. 1	50	30	79
山国川	耶馬渓ダム	7.22～　10.11	10	30	30

(注) 1. 建設省調べ
2. 自主節水のみ行った河川・ダムは含まない。
3. 特記なき限り取水制限実施延べ期間は全て平成6年を示す。
4. 荒川の最大取水制限率欄は上水については埼玉県大久保取水場、農水については六堰頭首工等にかかる削減量で表示。
5. 信濃川の取水制限は暫定水利権に対するものである。
6. 最大取水制限率は、取水制限実施期間ごとの最大取水制限率を示す。

国土庁：日本の水資源

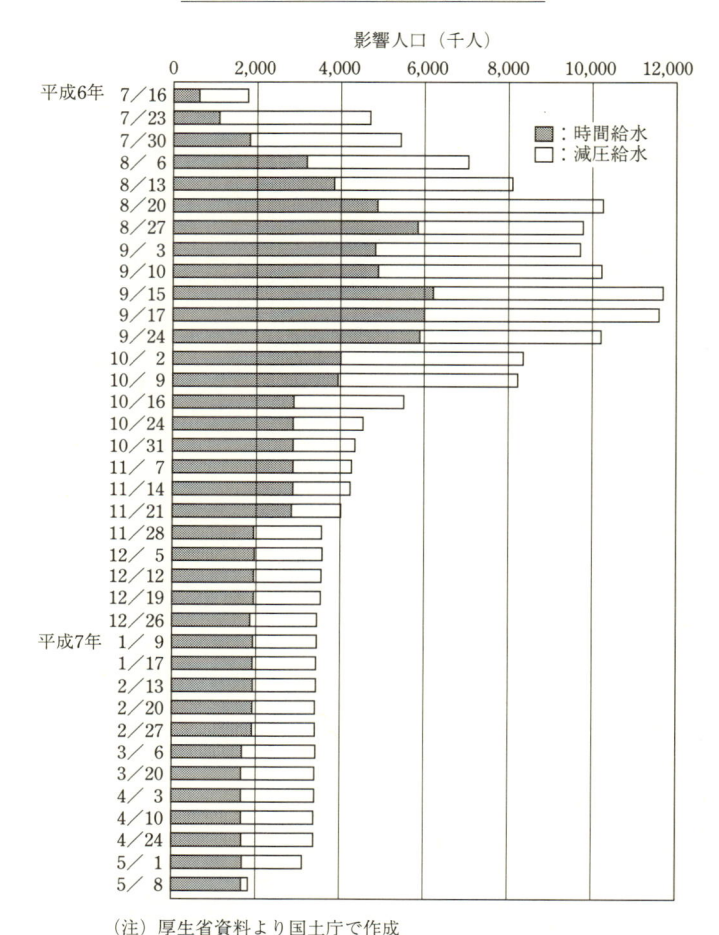

第10章 これからの水道の展望と課題

図10-1 平成6年渇水における水道用水の影響人口の推移
（注）厚生省資料より国土庁で作成

入　浴　――――自衛隊簡易浴槽，他県・他都市での入浴
医療施設　――――他医療施設・他都市への患者の緊急移送
・今後の対応可能策

飲料水については，各家庭で①1人1日3 l を各世帯で，人数分3日分の確保をしたり，自治体レベルでは，②貯水槽の設置　③復旧資材の備蓄　④応急給

4. 震災－阪神大震災　　　　　　　　　　　　　　　　　　179

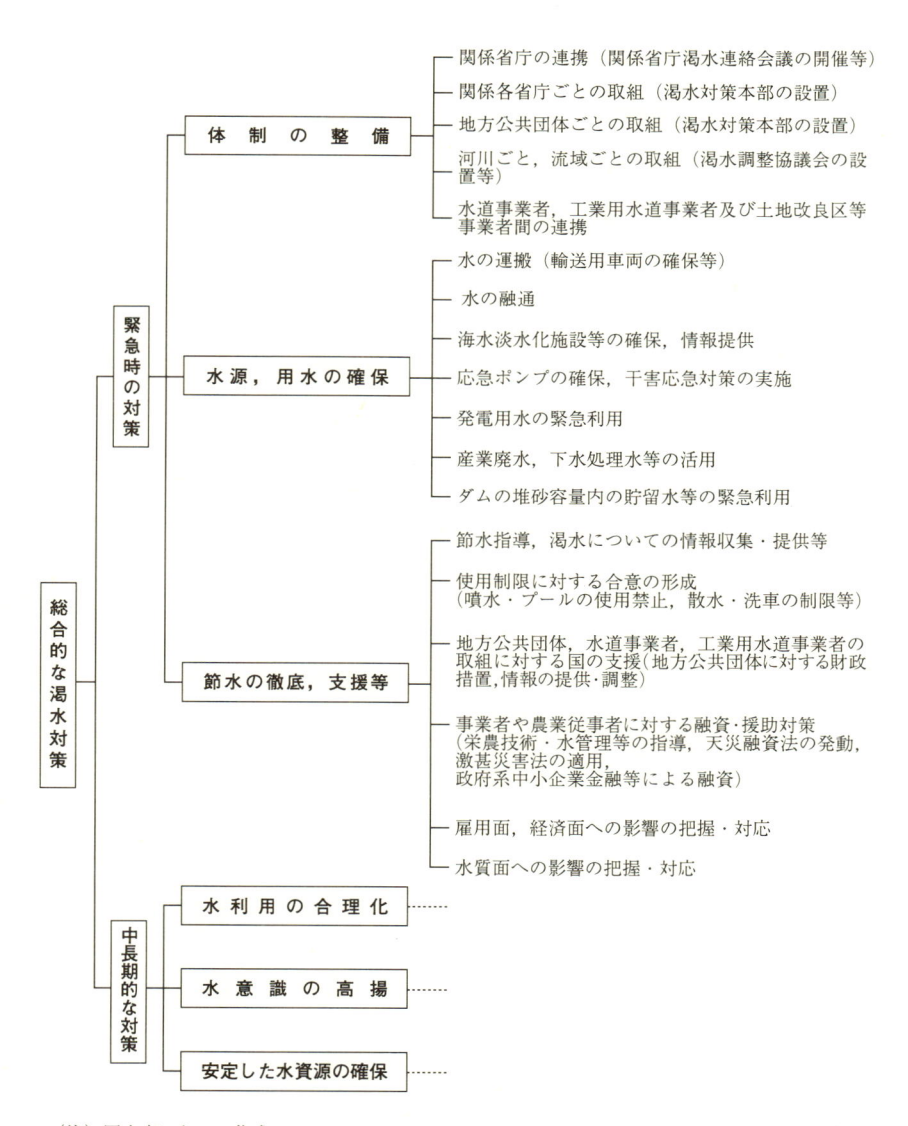

```
総合的な渇水対策
├─ 緊急時の対策
│   ├─ 体制の整備
│   │   ├─ 関係省庁の連携（関係省庁渇水連絡会議の開催等）
│   │   ├─ 関係各省庁ごとの取組（渇水対策本部の設置）
│   │   ├─ 地方公共団体ごとの取組（渇水対策本部の設置）
│   │   ├─ 河川ごと，流域ごとの取組（渇水調整協議会の設置等）
│   │   └─ 水道事業者，工業用水道事業者及び土地改良区等事業者間の連携
│   ├─ 水源，用水の確保
│   │   ├─ 水の運搬（輸送用車両の確保等）
│   │   ├─ 水の融通
│   │   ├─ 海水淡水化施設等の確保，情報提供
│   │   ├─ 応急ポンプの確保，干害応急対策の実施
│   │   ├─ 発電用水の緊急利用
│   │   ├─ 産業廃水，下水処理水等の活用
│   │   └─ ダムの堆砂容量内の貯留水等の緊急利用
│   └─ 節水の徹底，支援等
│       ├─ 節水指導，渇水についての情報収集・提供等
│       ├─ 使用制限に対する合意の形成
│       │   （噴水・プールの使用禁止，散水・洗車の制限等）
│       ├─ 地方公共団体，水道事業者，工業用水道事業者の
│       │   取組に対する国の支援（地方公共団体に対する財政
│       │   措置，情報の提供・調整）
│       ├─ 事業者や農業従事者に対する融資・援助対策
│       │   （栄農技術・水管理等の指導，天災融資法の発動，
│       │   激甚災害法の適用，
│       │   政府系中小企業金融等による融資）
│       ├─ 雇用面，経済面への影響の把握・対応
│       └─ 水質面への影響の把握・対応
└─ 中長期的な対策
    ├─ 水利用の合理化 ‥‥‥
    ├─ 水意識の高揚 ‥‥‥
    └─ 安定した水資源の確保 ‥‥‥
```

（注）国土庁において作成　　　　　　　　　　　　　　　国土庁：日本の水資源

図10-2　渇水時の総合対策と今後の課題（緊急時の対策）

第10章 これからの水道の展望と課題

- 総合的な渇水対策
  - 緊急時の対策
    - 体制の整備 ········
    - 水源, 用水の確保 ········
    - 節水の徹底, 支援等 ········
  - 中長期的な対策
    - 水利用の合理化
      - 農業用水の再編合理化
      - 上水道の効率的利用
        (水道の広域化, 連絡管の敷設等融通体制の整備, 配水ブロック化による効率的給水, 漏水防止策の推進)
      - 回収率の向上等工業用水の使用合理化
      - 雑用水利用の促進
        (下水処理水の循環利用 等)
      - 効率的流水管理の推進
        (長期予測の制度向上, 流域レベルでの総合的な管理用途別取水制限率の設定)
      - 情報収集・提供体制の確立
    - 水意識の高揚
      - マスメディア・広報車等の利用による日常的な広報
      - 節水キャンペーンによる情報提供
      - 節水プログラムへの国民の参加促進
        (節水機器の導入, 節水メニューの学習)
      - 価格体系による需要管理
    - 安定した水資源の確保
      - 水源地域における森林の保全・育成を通じた水源のかん養
      - 堆砂の排除によるダム機能維持
      - 渇水対策事業の推進
        (渇水対策ダム 等)
      - 水源の複数化・広域ネットワーク化の推進
        (流況調整河川, ダム群の連携)
      - 水源の多様化の推進
      - 地下水の保全・適正使用
      - 海水淡水化施設の整備・推進
      - ダム等水資源開発の不安定取水の解消
      - 水質保全対策の推進

(注) 国土庁において作成
国土庁:日本の水資源

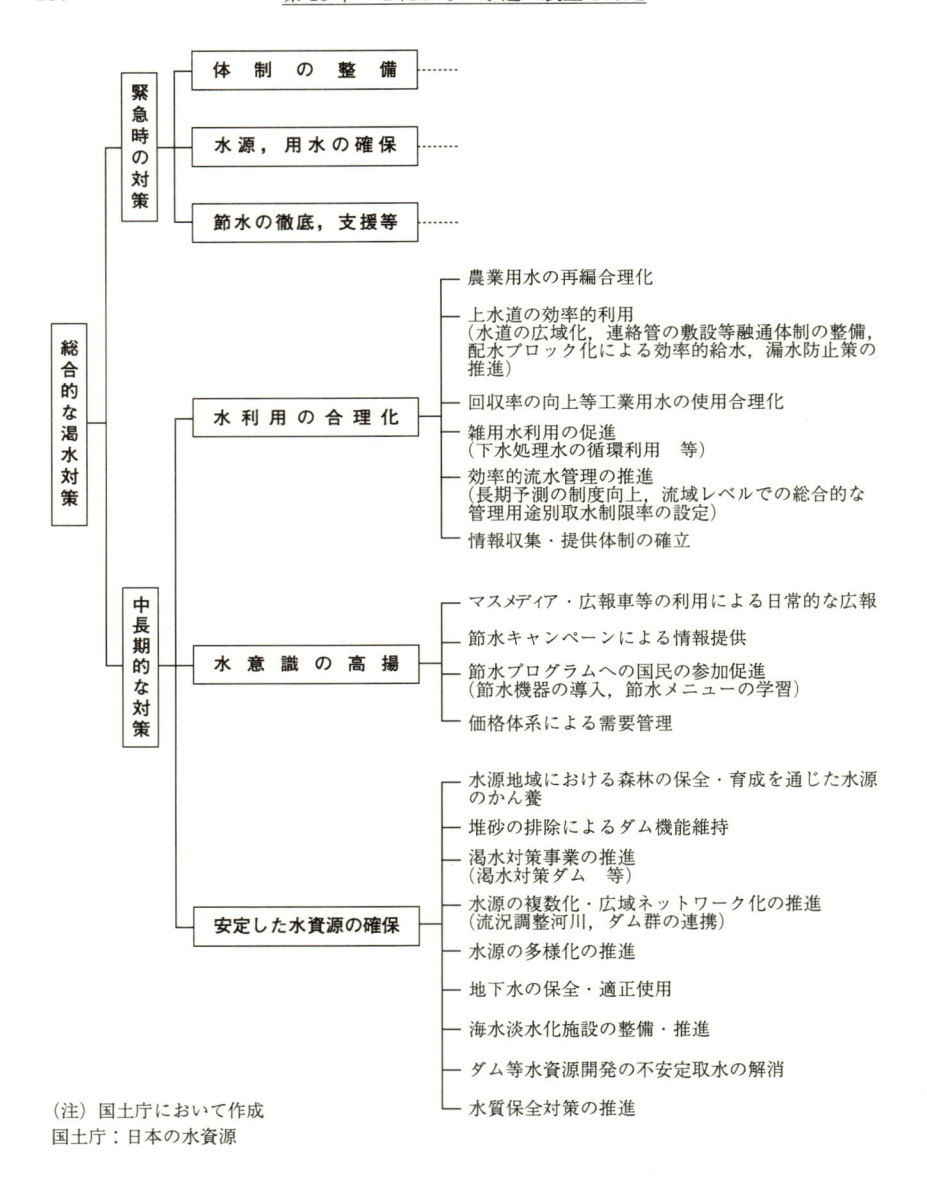

図10-3 渇水時の総合対策と今後の課題 (中長期的な対策)

5. 水源の森林かん養と地下水かん養

表10-2 府県別断水戸数

府 県 名	断 水 戸 数
兵 庫 県	1,265,300
大 阪 府	18,009
香 川 県	1,602
徳 島 県	457
滋 賀 県	82
福 井 県	32
鳥 取 県	32
京 都 府	17
合　　計	1,285,531

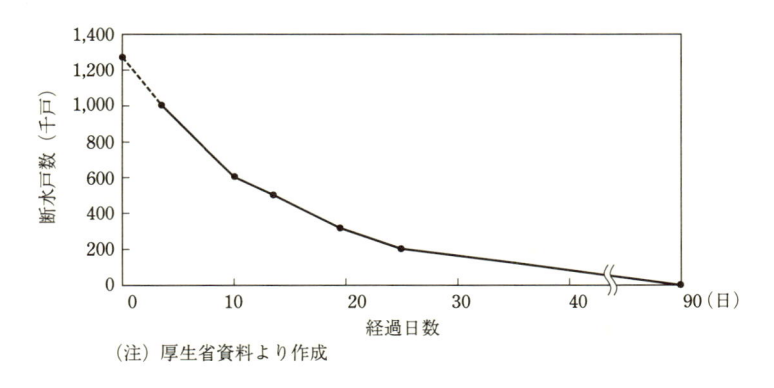

(注) 厚生省資料より作成

図10-4　兵庫県内断水戸数の減少

水計画の作成　⑤施設の耐震性強化　⑥送水ルートの二重化　⑦雨水貯留施設や親水公園等の利用等が挙げられる。

さらに総合対策と今後の課題については，図10-5のようなことが国土庁で検討されている。

5. 水源の森林かん養と地下水かん養

森林の樹木によって土の団粒構造がよく発達するようになり，また，粗孔隙に富む土壌が発達することによって，降水の流出が抑制されると共に地下に浸

第10章 これからの水道の展望と課題

```
震災を想定した水危機対策
├─ 水質・水量に配慮した震災直後の緊急的な水循環系の確保
│   ├─ 緊急時の水需給状況の把握
│   │   ├─ 被災時の水需要の明確化（ニーズの特定，優先度の特定）
│   │   └─ 対応・供給処理能力とボトルネックの特定
│   ├─ 緊急時の情報の把握と提供
│   │   ├─ 災害時連絡メディアの多重化
│   │   ├─ 情報連絡・指揮命令系統の整備
│   │   ├─ 避難所関連情報の掲示（水，食糧，毛布，衣類等）
│   │   └─ 広域的な応援・連絡体制の整備
│   ├─ 緊急時の水輸送の確保
│   │   ├─ 緊急時水輸送経路の確保（道路や河川・用水路の緊急送水路としての利用）
│   │   └─ 輸送手段の確保（給水車，ポリタンク，ポリ袋の備蓄等）
│   └─ 緊急時の排水処理施設の整備
│       └─ 可搬式トイレ等の配備
├─ 震災時における短期的な代替水源の確保
│   ├─ 緊急時の水源確保
│   │   ├─ 避難所の井戸等の設置
│   │   ├─ 防火水槽の計画的配置（地下，地上）
│   │   ├─ 都市内水辺空間の整備と一体となった水備蓄
│   │   ├─ 高規格配水池の適正配置
│   │   ├─ 都市河川ワンドの創出（緊急時取水点確保）
│   │   ├─ 簡易浄化施設の開発・配備
│   │   ├─ 海水淡水化施設の配備
│   │   └─ 広域的な融通水源の把握
│   └─ 自然循環系の保全 人工循環系の創出
│       ├─ 雑用水を活用した人工的水循環系の整備
│       └─ 地下水かん養機能の保全
└─ 地震に強い水供給・水処理システムの構築
    ├─ 水供給・水処理システムの適正な耐震化
    │   ├─ 重要度に応じた耐震施設の整備
    │   └─ 重要施設の補完機能強化（複数化，分散化，広域化）
    └─ 復旧システムの整備
        ├─ 破損箇所発見と補修が容易なシステム構造
        ├─ ライフライン系モニタリングステーションの設置
        ├─ 復旧に必要な施設情報等の多元管理
        └─ 広域的な応援・連絡体制の整備
```

国土庁：日本の水資源

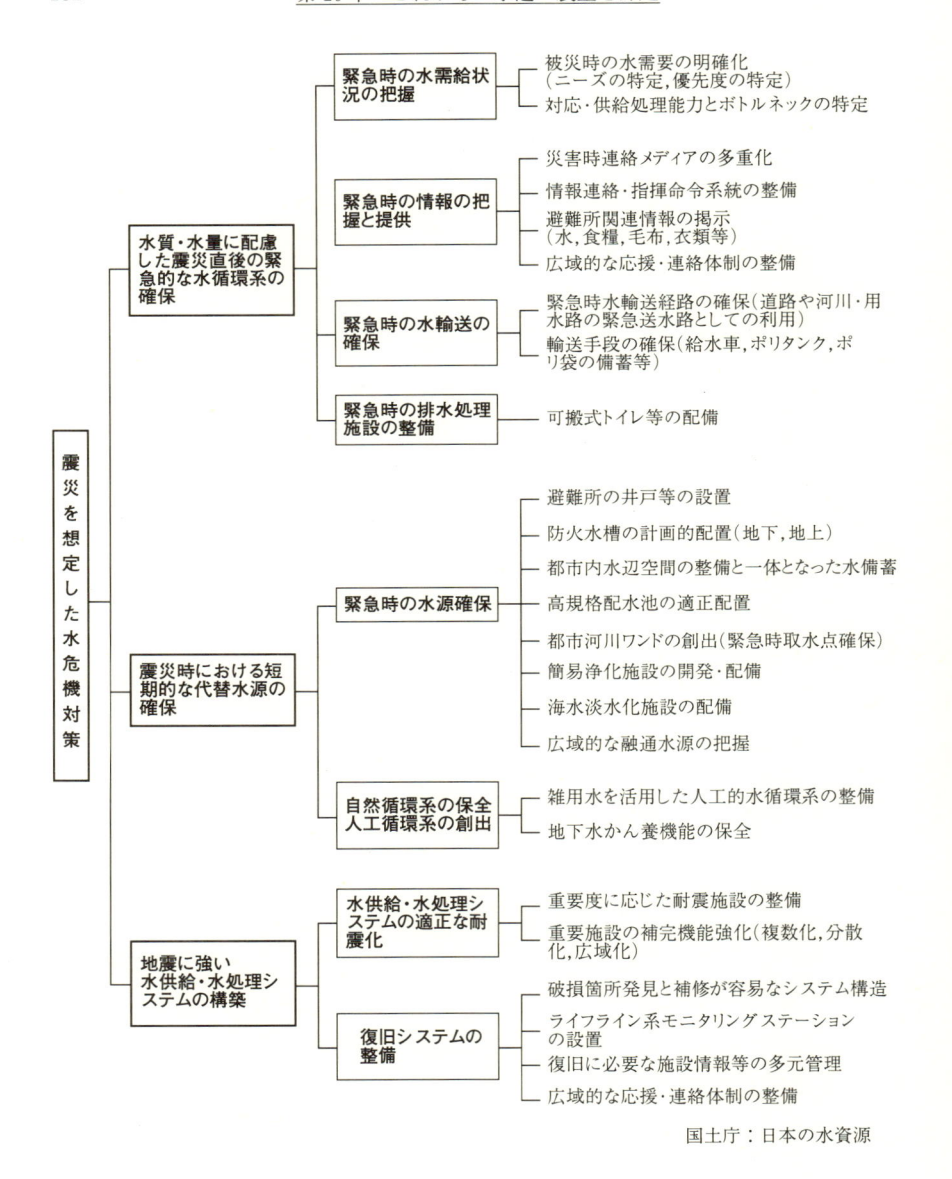

図10-5 地震時の総合対策と今後の課題

透しやすくなる。また，ことに広葉樹林は根系が深く，かつ広く発達し，落葉層を保持することから，適度の陽光が入ると共に下層の植生も発達し，水のかん養が極めて豊かに行われることが期待される。

　このようなことから，今後，山地災害の防止，水源かん養機能の強化，生活環境の保全・形成等を目的とする森林の保全や治山事業の重要性を長期的観点から国民レベルでも広く認識し，事業を積極的に進めるべきであろう。

　地下水は良質で水温の変化が少ないため水資源としては極めて貴重である。かん養量を上回る採取は過去にも大規模な地盤沈下や塩水化などの地下水障害を起こしてきていたが，地下水の有する優れた特性を活かし効果的利用を進めるためにも，地下水を積極的にかん養する努力が望まれる。具体的には，図10-6のような工法が提案されている。

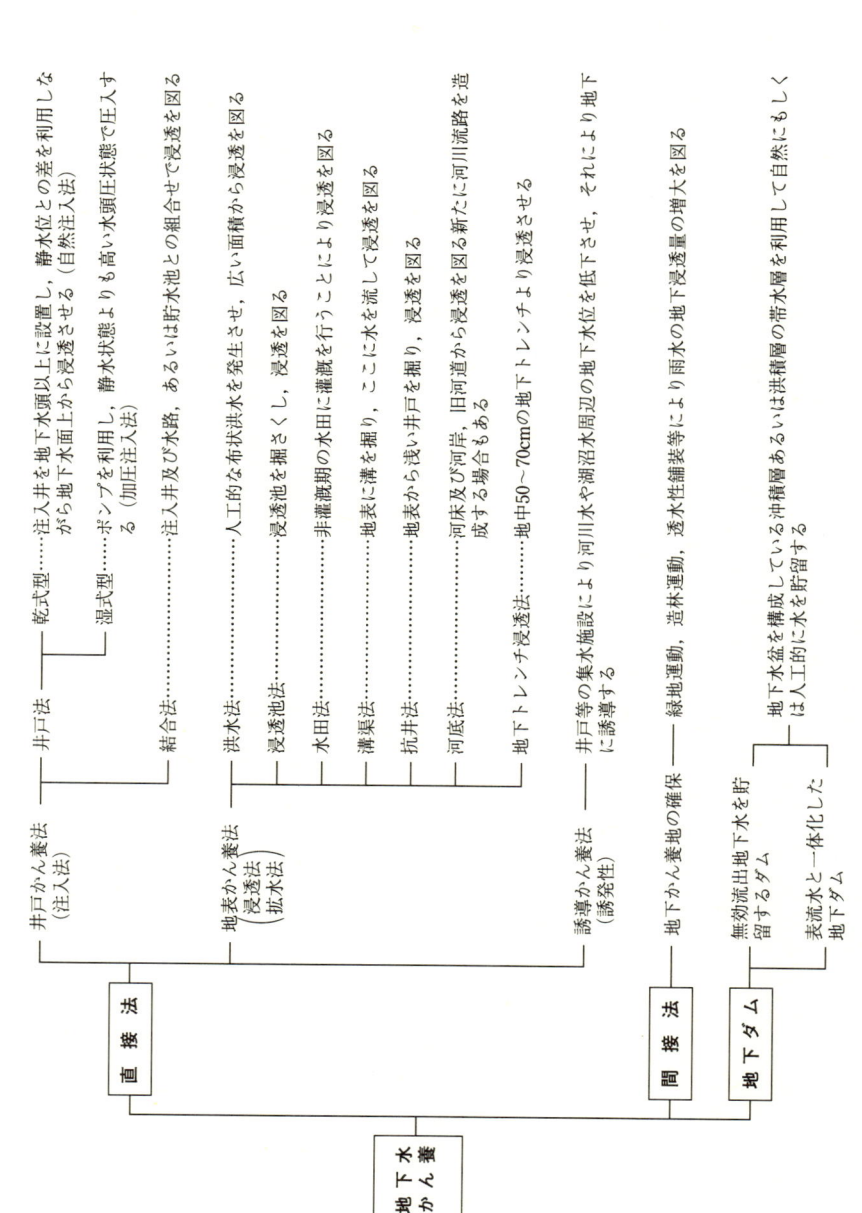

地下水かん養
- 直接法
  - 井戸かん養法（注入法）
    - 井戸法
      - 乾式型……注入井を地下水頭以上に設置し、静水位との差を利用しながら地下水面上から浸透させる（自然注入法）
      - 湿式型……ポンプを利用し、静水状態より高い水頭圧状態で圧入する（加圧注入法）
    - 結合法……注入井及び貯水池、あるいは貯水池との組合せで浸透を図る
  - 地表かん養法（浸透法）（拡水法）
    - 洪水法……人工的な布状洪水を発生させ、広い面積から浸透を図る
    - 浸透池法……浸透池を掘さく、浸透を図る
    - 水田法……非灌漑期の水田に灌漑を行うことにより浸透を図る
    - 溝渠法……地表に溝を掘り、ここに水を流して浸透を図る
    - 抗井法……地表から浅い井戸を掘り、浸透を図る
    - 河底法……河床及び河岸、旧河道から浸透を図る新たに河川流路を造成する場合もある
    - 地下トレンチ浸透法……地中50〜70cmの地下トレンチより浸透させる
  - 誘導かん養法（誘発性）……井戸等の集水施設により河川水や湖沼水周辺の地下水位を低下させ、それにより地下浸透量の増大を図る
- 間接法
  - 地下かん養地の確保……緑地運動、造林運動、透水性舗装等により雨水の地下浸透量の増大を図る
- 地下ダム
  - 無効流出地下水を貯留するダム……地下水盆を構成している沖積層あるいは洪積層の帯水層を利用して自然にもしくは人工的に水を貯留する
  - 表流水と一体化した地下ダム

図10-6 地下水かん養工法

第11章　水道と地震対策

1. 地震

環太平洋地震帯は世界でも最も大規模な地震帯であり，日本列島はこの帯の上にそのまま位置している。そのため，古来から大きな地震に見舞われている。表11-1に昭和39年（1964）からの日本の主な地震と水道被害を示す。また，図11-1に日本付近のおもな被害地震の震央を示す。

2. 地震の大きさ
2-1. 気象庁の震度階級

地震の大きさによる分類は，

　　大　地　震　　$7 \leqq M$　　　（M：マグニチュード）
　　中　地　震　　$5 \leqq M < 7$
　　小　地　震　　$3 \leqq M < 5$
　　微　小　地　震　　$1 \leqq M < 3$
　　極微小地震　　　　$M < 1$

で表されている。次に，マグニチュードは，地震の規模を表す数値であって，地震計に記録された最大振幅と震央距離から算出さるものであり，表面波マグニチュード，実体波マグニチュード，気象庁マグニチュード，モーメントマグニチュード，震度マグニチュード等が提案されている。最初の定義は，1935年にC. F. Richterによって，

$$M = \log A + \log B \tag{11-1}$$

A：ウッド・アンダーソン型地震計の記録紙上最大片振幅（μm），logBは地震波の減衰を補正する項であり，188ページに示すような震央距離$\varDelta$（km）の関数である。

第11章　水道と地震対策

表11-1　主な地震と水道被害

地震等名称	年月日	規模及び最大震度	被害内容
新潟地震	昭和39.6.16	M7.5　震度5	(新潟市)　施設の被害　取水, 浄水, 配水等施設…………軽微 　　　　　　　　　　管路施設………………総延長の70%被害 　　　　　被害人口　254,000人 　　　　　被害戸数　55,000戸 　　　　　断減水　　全市内断水 　　　　　被害額　　21億円
十勝沖地震	43.5.16	M7.9　震度5	(青森県)　施設の被害箇所数　347箇所 　　　　　被害額　3億3千万円
宮城県沖地震	53.6.12	M7.4　震度5	(宮城県)　施設の被害　取水, 浄水, 配水等施設………38箇所 　　　　　　　　　　導, 送, 配水管…………………1,638箇所 　　　　　　　　　　給水管………………………………5,982箇所 　　　　　被害市町村　64市町村 　　　　　断水　　　　54市町村 　　　　　被害額　　　11億4千万円
日本海中部地震	58.5.26	M7.7　震度5	(青森県, 秋田市) 　　　　　施設の被害　管路……………………………1,812箇所 　　　　　被害戸数　40,402戸 　　　　　断水戸数　40,321戸 　　　　　被害額　　9億5千万円
長野県西部地震	59.9.14	M6.8　震度4	(長野県)　施設の被害　管路の被害多い 　　　　　断水人口　3,816人 　　　　　被害戸数　1,283戸 　　　　　被害額　　8千5百万円
千葉県東方沖の地震	62.12.17	M6.7　震度5	(千葉県)　施設の被害　取水, 浄水, 配水等施設………152箇所 　　　　　　　　　　配水管……………………………296箇所 　　　　　　　　　　給水装置…………………………5,079箇所 　　　　　断水人口　50,203人 　　　　　断水戸数　13,657戸 　　　　　被害額　　2億3千万円
釧路沖地震	平成5.1.15	M7.8　震度6	(北海道)　施設の被害　46市町村, 62水道, 450件 　　　　　断水市町村　38市町村, 48水道 　　　　　断水戸数　20,093戸 　　　　　断水日数　最大17日 　　　　　被害額　　2億8千万円
能登半島沖の地震	5.2.7	M6.6　震度5	(石川県珠洲市) 　　　　　施設の被害　送・配水管………………………34箇所 　　　　　断水人口　8,483人 　　　　　断水戸数　2,329戸 　　　　　断水日数　最大2日
北海道南西沖地震	5.7.12	M7.8　震度5	(北海道)　施設の被害　32市町村, 56水道, 約1,030件 　　　　　断水市町村　22市町村, 41水道 　　　　　断水戸数　17,907戸 　　　　　断水日数　最大14日 　　　　　被害額　　2億5千万円
北海道東方沖地震	6.10.4	M8.2　震度6	(北海道)　施設の被害　24市町村, 36水道 　　　　　断水戸数　31,462戸（約9万人） 　　　　　断水日数　最大10日
三陸はるか沖地震	6.12.28	M7.6　震度6	(青森県, 岩手県) 　　　　　施設の被害　青森11水道, 岩手5水道 　　　　　断水人口　青森117千人, 岩手約700人 　　　　　断水日数　最大6日 　　　　　被害額　　約666百万円（青森県分, 平成7年1月7日の大規模な余震による被害を含む）
兵庫県南部地震	7.1.17	M7.3　震度6 調査結果から一部の地域で震度7	(兵庫県ほか) 　　　　　施設の被害　9府県81水道 　　　　　断水戸数　約130万戸 　　　　　断水日数　最大90日 　　　　　被害額　　約600億円（兵庫県分）
山梨県東部の地震	8.3.6	M5.3　震度5	(山梨県)　施設の被害　5水道 　　　　　断水戸数　約3,900戸 　　　　　断水日数　最大7日
鹿児島県薩摩地方の地震	9.3.26 9.4.3 9.5.13	M6.5　震度5強 M5.6　震度5強 M6.3　震度6弱	(鹿児島県) 　　　　　施設の被害　7水道 　　　　　断水戸数　延べ18,101人 　　　　　断水日数　最大4日
鳥取県西部地震	12.10.6	M7.3　震度6強	(鳥取県ほか) 　　　　　施設等の被害　6県38市町村 　　　　　断水戸数　約8,300戸 　　　　　断水日数　最大11日間（飲料用使用不可を含む）

(注)　国土交通省水資源部, 厚生労働省及び気象庁調べ（平成13年3月現在）

平成13年版日本の水資源

2. 地震の大きさ

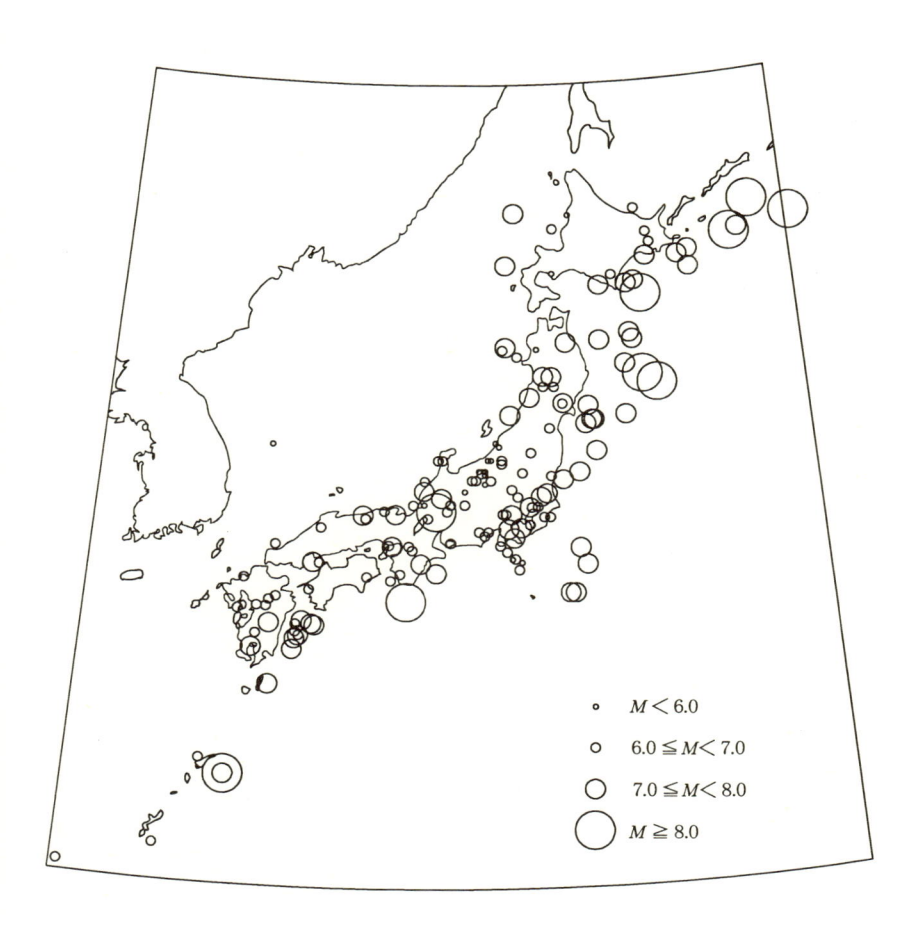

図11-1　日本付近のおもな被害地震の震央（1885年以降）

（理科年表平成13年版より）

Δ (km)	50	100	150	200	250	300	350	400	500
log	-0.37	0	0.29	0.53	0.79	1.02	1.26	1.46	1.74

　地震計による観測のない時代や地方の地震についてもマグニチュードMを推定できる方法として，村松（1969）の式がよく使われている。

$$M = \log S\,5 + 3.2 \tag{11-2}$$

S 5：震度5以上の地域の面積

　次に地震の規模とエネルギーとの関係については，Gutenberg-Richter の式，

$$\log E = 11.8 + 1.5\,M \tag{11-2}$$

E：地震波として出されたエネルギー（erg）

が提案されている。

3. 阪神大震災と水道の震災対策

3-1. 阪神大震災以前の震災対策

　平成7年1月17日午前5時46分ごろ，淡路島を震源地とするマグニチュード7.2の兵庫県南部地震が発生した。被害は死者5,500人を越え，全半壊一部損壊等の住家被害は20万戸以上，水道，電気，ガス，通信，下水道等ライフラインも大きな損害を受け，神戸を中心に多くの市民が大きな被害を受けた。

　阪神大震災における「ライフライン ―― 水道・電気・ガス・下水道・交通・通信」のうちでも日常の生命活動を支える水道の断水の影響はきわめて大きい。

　わが国は地震国であり，明治以来の近代水道が徐々に普及率を高め，今日の高普及率を誇るに至るまでにも多くの地震や震災を経験してきている。したがって，地震に対する対策も可能な限りで行われてきている。水道協会では昭和23年の福井大震災での水道施設の被害を教訓として昭和28年に「水道施設の耐震工法」を，さらに昭和54年にはこれまでの震災事例と耐震工法の進歩を集大成した「水道施設耐震工法指針・解説」を刊行している。厚生省においては「水道施設耐震工法の手引」をまとめ，各自治体施設の積極的耐震化を指導してきている。

　a．水道施設の耐震化に関しては，

管路 —— 管種，継ぎ手，鋼管溶接技術

浄水場施設 —— 動的解析による耐震計算の採用

既存施設 —— 経年管の交換，配水系統の相互連絡バックアップ，緊急遮断弁の設置，各種構造物の耐震補強

b．応急給水対策

震災直後の生命維持生活用水（3 l／人・日）の確保と供給

「水道施設の震害対策要項 s.57」の見直し

震災対策用貯水タンクの設置，臨時共用栓の設置，浄化装置の設置などが検討・実施されてきている。

しかしながら，これらの検討は，大正12年の関東大震災，昭和23年の福井大地震，昭和39年の新潟地震，そして昭和53年の宮城県沖地震等の被災状況を経験し，検討を重ねてはいるものの，その後の進んだ高度技術によって重層化し高密度化の進んだ都市化状況や直下型地震を十分に検討したものとはいい難いであろう。

3-2. 地震に対する見直しと対策

今回の阪神大震災を契機にして，厚生省水道耐震化施策検討会では

① 国民は水道に何を期待するか

② 国民の期待に応えられる水道とするために何が必要か

③ 水道は今何ができるか

の観点から21世紀につながる水道の地震対策の充実に向けたハード・ソフト両面にわたる戦略について，応急給水および災害復旧のための緊急時の対応体制も含めて検討しそのあり方を「地震に強い水道づくりを目指して」としてまとめている（－資料－水道協会雑誌　第64巻，第9号）。

本まとめは，地震時の水道の位置づけと重要性，地震対策の具体的方策と措置等を章立て，節立てによって整理提言しているものである。

第1章　地震時に水道が期待される役割

(1) 生命・生活のための水確保の意義

(2) きめ細かな応急給水

(3) 水道の速やかな復旧
第2章 水道の地震対策の基本的な考え方
 (1) 地震対策の総合的な推進
 (2) 応急対策の円滑な実施
 (3) 水道施設の耐震化の推進
 (4) 地震対策のための財政措置
第3章 水道の地震対策推進のための具体的方策
 (1) 応急対策の充実強化
    応急給水・応急復旧の共通事項,応急給水の行動指針,応急復旧の行動指針,広域的な応急対策支援,激甚な震災への対応
 (2) 水道施設の耐震化：耐震化の指標
    耐震化計画指針の策定,基幹施設のゆとり,緊急時給水能力の確保,広域バックアップ機能の充実強化
 (3) 水道の地震対策の資金確保
    水道施設の耐震化費用,震災時の臨時的費用,
 (4) 地震対策のための基盤強化
    技術開発・調査研究等の推進,災害に備えた職員の構成,小規模水道事業の対策,関係行政機関との連携及び役割分担

3-3. 水道事業者と地震対策

　一方,上記の提言は貴重なものであるが,その対応,対策は直ちに短期的に実施できるものもあれば,長期的に期間と予算措置を必要とするものもある。そこで日本水道協会水道施設耐震工法指針・解説改訂特別調査委員会では「水道事業者が当面とるべき地震対策に関する提言」を行っている（－資料－水道協会雑誌　第64巻,第9号）。
　そこでは,阪神大震災の水道関係の復旧にあたり,関係者の懸命の努力にも拘らず給水を全面的に回復するまでには2カ月以上の日数を要したことなどを中心に,阪神大震災の厳しい経験を貴重な教訓として,いつ地震が発生しても給水を確保できるよう,水道施設の耐震化及び震災時の危機管理体制の確立の

ために，地域防災計画との十分な整合を図りながら，ハード，ソフトの両面からの対策を講じる重要性を前提に，水道事業者が当面とるべき地震対策について検討し提言しているものである．

1．当面の水道施設の地震対策

各施設を強化するための整備目標期間を緊急度に応じて，

A：できる限り早急に補強すべきもの

B：おおむね5年以内を目途に整備補強すべきもの

C：計画的に整備補強を進めるべきもの

の3種に分けて示している．その場合想定する地震動，地震荷重及び地震変状については「指針」を基本とするものの当該施設の立地条件，地盤の増幅特性，構造物の動的特性並びに施設の重要度を考慮して，必要に応じて地震荷重の割増しを決定すること．配水池，埋設管路など地下構造物施設の耐震性の検討に当たっては，地震時の地盤変位の増幅，地盤崩壊，液状化に伴う側方移動，不同沈下等の地盤変状による影響を十分考慮するものとしている．

2．水道施設の耐震診断と耐震性強化

水道施設の耐震診断と耐震性強化の要点を具体的に示したものが表11-2である．

3．組織的防災体制の強化

施設の耐震性強化と併せ，いつ大地震が発生しても，対応が可能なように，早急に組織的防災体制の強化を図るべきとし，特に留意すべき点として，「水道維持管理指針」を参照しつつ次の項目で整理提言している（表11-3）．

1）地震災害への平常時からの対応

2）管理図面，台帳等の分散管理

3）震災時の危機管理体制

4）応急給水対策

5）応急復旧対策

第11章 水道と地震対策

表11-2 水道施設の耐震診断と耐震性強化－要点抄

施設＼段階	A：できる限り早急に補強すべきもの	B：おおむね5年以内を目途に整備補強すべきもの	C：計画的に整備補強を進めるべきもの
貯水・取水・導水		堤体・基礎地盤・取水口 導水渠・導水トンネル	水源・水系の相互連絡
浄水・配水	老朽化施設の検査 池の目地，集水装置 構造物基礎，配管 上部水槽，収納機器 薬品類	構造物基礎， コンクリート 建築物－管理棟， ポンプ場 重量機器	
導・送・配水管路	地盤変状予測地帯 基幹管路－継手，可撓，耐震，免震化 予備品の準備 シールド立坑，共同溝 水管橋，橋梁添加管 緊急遮断弁，バルブ	耐震性の強い管，継手 配水管網－バイパス管路	配水管網ブロック化 隣接水道事業との相互連絡管設置
給水装置	分岐部，異形管部の耐震・免震化 受水槽	止水栓を公道近く	
機械・電気・計装設備	電線，ケーブル配線，自家発電設備，ポンプ 薬品貯蔵槽防液堤，塩素中和設備 計算機ハード・ソフト分散 管理	情報電送回線－耐震化	

3. 阪神大震災と水道の震災対策

表11-3 組織的防災体制の強化（早急に強化を図るもの）－要点抄

段階 体制	A：できる限り早急に補強すべきもの	B：おおむね5年以内を目途に整備補強すべきもの	C：計画的に整備補強を進めるべきもの
平常時からの対応	防災訓練強化 震災意識下の維持管理 バルブ操作，施設情報 漏水防止作業		
図面等の分散管理	図面・台帳等の分散管理		
危機管理体制	指揮命令系統，初動体制 バックアップ機能，通信連絡システム，応急体制，関係機関，近隣自治体連絡，緊急時住民広報・広聴組織，報道機関対応		
応急給水対策	防災行政当局－水道事業者責任区分明確化 応急給水水源－給水拠点 応援体制と調整システム 水配操作，組織		
応急復旧対策	応援機関事前協定 応急復旧方法・順序 緊急時組織体応 応援受入体制整備		

　施設の耐震性強化と併せ，いつ大地震が発生しても，対応が可能なように，早急に組織的防災体制の強化を図るべきとし，特に留意すべき点として，「水道維持管理指針」を参照しつつ次の項目で整理提言している。
　1）地震災害への平常時からの対応
　2）管理図面，台帳等の分散管理
　3）震災時の危機管理体制
　4）応急給水対策
　5）応急復旧対策

付　録

付-1　ギリシャ文字

A	α	Alpha	アルファ	N	ν	Nu	ニュウ
B	β	Beta	ベータ	Ξ	ξ	Xi	クサイ
Γ	γ	Gamma	ガンマ	O	o	Omicron	オミクロン
Δ	δ	Delta	デルタ	Π	π	Pi	パイ
E	ε	Epsilon	イプシロン	P	ρ	Rho	ロー
Z	ζ	Zeta	ジータ	Σ	σ	Sigma	シグマ
H	η	Eta	イータ	T	τ	Tau	タウ
Θ	θ	Theta	シータ	Υ	υ	Upsilon	ウプシロン
I	ι	Iota	ヨータ	Φ	ϕ	Phi	ファイ
K	κ	Kappa	カッパ	X	χ	Chi	カイ
Λ	λ	Lamda	ラムダ	Ψ	ψ	Psi	プサイ
M	μ	Mu	ミュウ	Ω	ω	Omega	オメガ

付-2　主要原子量概数表（1957）

原子番号				原子番号			
47	Ag	銀	107.9	80	Hg	水銀	200.6
13	Al	アルミニウム	26.9	53	I	ヨウ素（沃素）	126.9
33	As	ヒ素（砒素）	74.9	19	K	カリウム	39.10
79	Au	金	197.0	12	Mg	マグネシウム	21.3
5	B	ホウ素（硼素）	10.8	25	Mn	マンガン	51.9
56	Ba	バリウム	137.3	7	N	窒素	14.0
35	Br	臭素	79.9	11	Na	ナトリウム	22.9
6	C	炭素	12.0	8	O	酸素	16.0
20	Ca	カルシウム	40.0	15	P	リン（燐）	30.9
48	Cd	カドミウム	112.4	82	Pb	鉛	207.2
17	Cl	塩素	35.4	78	Pt	白金	195.0
27	Co	コバルト	58.9	16	S	イオウ（硫黄）	32.0
24	Cr	クロム	52.0	34	Se	セレン	78.9
55	Cs	セシウム	132.9	14	Si	ケイ素（珪素）	28.0
29	Cu	銅	63.5	50	Sn	スズ（錫）	118.7
9	F	フッ素（弗素）	19.0	22	Ti	チタン	47.9
26	Fe	鉄	55.8	92	U	ウラン	238.0
1	H	水素	1.0	30	Zn	亜鉛	65.3
2	He	ヘリウム	4.0				

付-3 SI 単位への切換え換算率表

	N	dyn	kgf
力	1	1×10^5	1.01972×10^{-1}
	1×10^{-5}	1	1.01972×10^{-6}
	9.80665	9.80665×10^5	1

	Pa	bar	kgf/cm²	atm	mmH₂O	mmHg 又は Torr
圧	1	1×10^{-5}	1.01972×10^{-5}	9.86923×10^{-6}	1.01972×10^{-1}	7.50062×10^{-3}
	1×10^5	1	1.01972	9.86923×10^{-1}	1.01972×10^4	7.50062×10^2
	9.80665×10^4	9.80665×10^{-1}	1	9.67841×10^{-1}	1×10^4	7.35559×10^2
	1.01325×10^5	1.01325	1.03323	1	1.03323×10^4	7.60000×10^2
力	9.80665	9.80665×10^{-5}	1×10^{-4}	9.67841×10^{-5}	1	7.35559×10^{-2}
	1.33322×10^2	1.33322×10^{-3}	1.35951×10^{-3}	1.31579×10^{-3}	1.35951×10	1

注) 1 Pa＝1 N/m²

	Pa	MP または N/mm²	kgf/mm²	kgf/cm²
応	1	1×10^{-6}	1.01972×10^{-7}	1.01972×10^{-5}
	1×10^6	1	1.01972×10^{-1}	1.01972×10
力	9.80665×10^6	9.80665	1	1×10^2
	9.80665×10^4	9.80665×10^{-2}	1×10^{-2}	1

	Pa·s	cP	P
粘	1	1×10^3	1×10
度	1×10^{-3}	1	1×10^{-2}
	1×10^{-1}	1×10^2	1

	m²/s	cSt	St
動	1	1×10^6	1×10^4
粘	1×10^{-6}	1	1×10^{-2}
度	1×10^{-4}	1×10^2	1

注) 1 P＝1 dyn·s/cm²＝1 g/cm·s, 1 Pa·s＝1 N·s/m², 1 cP＝1 mPa·s

注) 1 St＝1 cm²/s

	J	kW·h	kgf·m	kcal
仕事・エネルギー・熱量	1	2.77778×10^{-7}	1.01972×10^{-1}	2.38889×10^{-4}
	3.600×10^6	1	3.67098×10^5	8.6000×10^2
	9.80665	2.72407×10^{-6}	1	2.34270×10^{-3}
	4.18605×10^3	1.16279×10^{-3}	4.26858×10^2	1

注) 1 J＝1 w·s, 1 w·h＝3600 w·s
1 cal＝4.18605 J (計算法による)

付-4 水の物性 (1)

温度	密度	粘性係数	動粘性係数	飽和蒸気圧	表面張力	圧縮率	体積弾性係数	熱伝導率
	ρ	μ	ν	P	T	$1/E\nu$	$E\nu$	W/(m·K)
℃	kg/m³	Pa·s	cm²/s	MPa	N/cm	cm²/N	N/cm²	
0°	999.9	1.795×10^{-3}	1.794×10^{-2}	5.88×10^{-2}	7.56×10^{-4}	5.02×10^{-6}	1.99×10^{-5}	0.581
5°	1000.0(4℃)	1.519×10^{-3}	1.519×10^{-2}	8.83×10^{-2}	7.49×10^{-4}	4.89×10^{-6}	2.04×10^{-5}	0.580
10°	999.7	1.310×10^{-3}	1.310×10^{-2}	12.74×10^{-2}	7.42×10^{-4}	4.78×10^{-6}	2.09×10^{-5}	0.579
15°	999.1	1.146×10^{-3}	1.146×10^{-2}	16.67×10^{-2}	7.35×10^{-4}	4.67×10^{-6}	2.14×10^{-5}	0.586
20°	998.2	1.010×10^{-3}	1.010×10^{-2}	23.54×10^{-2}	7.28×10^{-4}	4.57×10^{-6}	2.19×10^{-5}	0.599
25°	997.1	0.898×10^{-3}	0.898×10^{-2}	31.38×10^{-2}	7.21×10^{-4}	4.49×10^{-6}	2.23×10^{-5}	0.606
30°	995.7	0.804×10^{-3}	0.804×10^{-2}	42.17×10^{-2}	7.12×10^{-4}	4.44×10^{-6}	2.25×10^{-5}	0.614
40°	992.2	0.659×10^{-3}	0.659×10^{-2}	73.55×10^{-2}	6.95×10^{-4}	4.37×10^{-6}	2.29×10^{-5}	0.627
50°	988.1	0.556×10^{-3}	0.556×10^{-2}	123.60×10^{-2}	6.79×10^{-4}	4.36×10^{-6}	2.29×10^{-5}	0.639
60°	983.2	0.478×10^{-3}	0.478×10^{-2}	199.10×10^{-2}	6.61×10^{-4}	4.39×10^{-6}	2.28×10^{-5}	0.651
70°	977.8	0.416×10^{-3}	0.416×10^{-2}	311.90×10^{-2}	6.44×10^{-4}	4.45×10^{-6}	2.25×10^{-5}	0.659
80°	971.8	0.367×10^{-3}	0.367×10^{-2}	473.70×10^{-2}	6.26×10^{-4}	4.53×10^{-6}	2.21×10^{-5}	0.669
90°	965.3	0.328×10^{-3}	0.328×10^{-2}	701.10×10^{-2}	6.08×10^{-4}	4.65×10^{-6}	2.15×10^{-5}	0.672
100°	958.4	0.296×10^{-3}	0.296×10^{-2}	1013.0×10^{-2}	5.88×10^{-4}	4.79×10^{-6}	2.09×10^{-5}	0.681

単位体積重量, 粘性係数, 動粘性係数, 表面張力, 圧縮率, 体積弾性係数は標準大気圧 (1 atm) における値。

参考図書

日本水道協会：改訂・水道のあらまし，日本水道協会，平成 5 年
厚生省生活衛生局水道環境部水道整備課：水道統計要覧(平成 11 年度)，日本水道協会，平成 13 年
厚生省生活衛生局水道環境部水道整備課：平成 6 年版水道便覧，日本水道協会，平成 6 年
厚生省：水道施設設計指針 2000，日本水道協会，平成 13 年
厚生省生活衛生局水道環境部：上水試験方法 1993 年版，日本水道協会，平成 6 年
日本水道協会：日本水道史総集編，日本水道協会，昭和 42 年
石橋多聞：上水道学，技報堂，昭和 41 年
丹保憲仁：上水道，技報堂，昭和 55 年
佐藤敦久：衛生工学，朝倉書店，昭和 52 年
内藤幸穂・藤田賢二：上水道工学演習，学献社，昭和 49 年
合田健：水質工学演習編，丸善，昭和 52 年
深谷宗吉：最新上水道工学，工学図書株式会社，昭和 51 年
中村玄正：改訂版入門上水道，工学図書株式会社，平成 8 年
海老江・芦立：衛生工学演習－上水道と下水道，森北出版株式会社，平成 4 年
国土交通省土地・水資源局水資源部編：平成 13 年版日本の水資源，大蔵省印刷局，平成 13 年
郡山市水道局：平成 11 年度郡山市水道事業年報，郡山市，平成 12 年
国立天文台：理科年表平成 13 年，平成 12 年
環境庁環境法令研究会：平成 12 年版環境六法，中央法規出版，平成 12 年
粟津・木村：演習水理学，オーム社，昭和 46 年
鯖田豊之：水道の文化－西欧と日本，新潮社，昭和 59 年
日本薬学会：衛生試験法・注解 2000，金原出版株式会社，2000 年

索　引

《和　文》

【ア　行】

浅井戸 …………………………………79
味 ………………………………………54
アルカリ剤 …………………………124,140
アルカリ剤注入処理 ……………………140
アルカリ度 ……………………………55
異形管防護 ……………………………101
1日最大給水量 …………………………35
1日平均給水量 …………………………35
一般細菌 ………………………………58
猪苗代湖 ………………………………74
エアレーション ………………………139
営業 ……………………………………32
液状化 …………………………………101
遠心ポンプ ……………………………161
遠心力鉄筋コンクリート管 ……………95
塩素イオン ……………………………57
塩素の殺菌効果 ………………………135
応急給水対策 …………………………189
押し出し流れ …………………………110
オゾン処理 ……………………………138

【カ　行】

外観 ……………………………………51
海水淡水化方式 ………………………90
快適水質項目 …………………………52
河川 ……………………………………65
渇水問題 ………………………………174
渇水量 …………………………………65
活性炭処理 ……………………………138
河底伏せ越し …………………………103
家庭用水，営業用水 …………………46
過マンガン酸カリウム消費量 …………57
簡易水道事業 …………………………3
簡易専用水道 …………………………3
監視項目 ………………………………53
管種 ………………………………95,169
完全混合 ………………………………112
緩速沪過池 ……………………………117
緩速沪過方式 ……………………106,113

緩速沪過法と急速沪過法の比較 ………133
管の基礎 ………………………………101
管網流量の計算 ………………………157
気温 ……………………………………49
基準項目 ………………………………47
基本計画 …………………………17,18
基本構想 ………………………………18
基本方針 ………………………………18
キャビテーション ……………………165
給水 ……………………………………166
給水管 …………………………………168
給水管の水理 …………………………169
給水器具 ………………………………170
給水装置 ………………………………3
給水普及率 ……………………………31
給水方式 ………………………………166
給水量原単位 …………………………35
急速沪過池 ………………………106,121,129
凝集剤 …………………………………123
凝集補助剤 ……………………………124
業務 ……………………………………32
空気弁 …………………………………95
クリプトスポリジウム ……………59,105
計画1日最大給水量 …………………39,40
計画1日平均給水量 …………………39,40
計画給水区域 …………………………18,22
計画給水人口 …………………………19,22
計画給水普及率 ………………………31
計画給水量 ……………………………19,32
計画給水量原単位 ……………………37
計画策定手順 …………………………21
計画時間最大給水量 ………………40,146
計画取水量 ……………………………65
計画浄水量 ……………………………40
計画送水量 ……………………………145
計画導水量 ……………………………91
計画年次 ………………………………18,21
計画配水量 ……………………………146
計画1人1日最大給水量 ………………40
計画1人1日平均給水量 ………………40
傾斜板沈殿池 …………………………128
計装 ……………………………………143

索　引

原動機出力 …………………………… 164	浄水方法の選定 ……………………… 104
広域水道 ………………………………… 20	消毒設備 ………………………………… 135
広域的水道整備計画 …………………… 19	蒸発残留物 ………………………… 58,59
高架タンク ……………………………… 151	消防水利 …………………………………… 5
鋼管 ……………………………………… 153	将来人口の推定法 ……………………… 23
鋼管（塗覆装鋼管） …………………… 95	除鉄 ……………………………………… 141
工業用水 …………………………… 32,46	除マンガン ……………………………… 141
口径 ……………………………………… 162	震災 ……………………………………… 175
硬質塩化ビニル管 ………………… 95,153	伸縮継手 …………………………… 94,101
工場用水 …………………………………… 5	人孔 ……………………………………… 100
洪水量 …………………………………… 65	深層水 …………………………………… 79
高速凝集沈殿池 ………………………… 129	水圧試験 ………………………………… 102
高置タンク ……………………………… 171	水温 ………………………………… 49,59
硬度 ………………………………… 58,59	水管橋 …………………………………… 102
高度浄水処理 …………………………… 138	水撃作用 ………………………………… 165
湖沼 ……………………………………… 71	水源の森林かん養 ……………………… 181
混和池（急速攪拌） …………………… 125	水質基準 …………………………… 46,50
【サ　行】	水中毒物の生物検定 …………………… 59
細菌学的試験 …………………………… 58	水道概史 …………………………………… 7
最小自乗法 ……………………………… 23	水道広域化 ……………………………… 19
作業用水 ………………………………… 40	水道事業 …………………………………… 3
雑用水利用 ……………………………… 88	水道事業者と地震対策 ………………… 190
次亜塩素酸カルシウム ………………… 135	水道施設耐震工法指針・解説 ………… 188
時間係数 ………………………………… 40	水道施設の耐震工法 …………………… 188
時間最大給水量 ………………………… 36	水道需要用途別分類 ………………… 32,35
軸動力 …………………………………… 164	水道水が有すべき性状に関連する項目 …… 51
軸流ポンプ ……………………………… 162	水道整備の長期目標 …………………… 173
自浄作用 ………………………………… 86	水道と保健 ………………………………… 5
地震 ……………………………………… 185	水道に関する関連法規 ………………… 15
地震の大きさ …………………………… 185	水道の三要素 ……………………………… 3
実施設計 ………………………………… 18	水道の目的 ………………………………… 2
ジャーテスト …………………………… 124	水道法 …………………………………… 10
斜流ポンプ ……………………………… 162	水道メーター …………………………… 170
集水埋渠 ………………………………… 85	水路橋 …………………………………… 94
修正指数曲線法 ………………………… 27	ストリッピング処理 …………………… 139
自由地下水 ……………………………… 78	生活用水 …………………………… 5,32
取水管渠 ………………………………… 69	制水弁 …………………………………… 91
取水施設 …………………………… 2,67	生物処理 ………………………………… 139
取水堰 …………………………………… 69	設計水量 ………………………………… 168
受水タンク ……………………………… 171	接合井 …………………………………… 91
取水塔 ……………………………… 69,76	浅層水 …………………………………… 78
取水門 ……………………………… 69,76	専用水道 …………………………………… 3
取水量 …………………………………… 63	全揚程 …………………………………… 163
取水枠 ……………………………… 69,76	送水管 …………………………………… 145
消火用水 ………………………………… 46	送水渠 …………………………………… 145
消火用水量 ……………………………… 146	送水施設 …………………………… 3,145
浄水池 …………………………………… 137	送水方式 ………………………………… 145
上水道事業 ………………………………… 3	
浄水施設 …………………………………… 2	

【タ 行】

大腸菌群 ……………………………… 58
体内の水 ……………………………… 4
ダクタイル鋳鉄管 ……………… 95, 153
ダム湖貯水池 ………………………… 75
タンク式 ……………………………… 167
単粒子沈降の理論 …………………… 107
地下水 ………………………………… 78
地下水かん養 ………………………… 181
窒素類 ………………………………… 57
着水井 ………………………………… 106
中間塩素処理 ………………………… 140
貯水施設 ……………………………… 2
直結式 ………………………………… 166
沈砂池 ………………………………… 70
沈殿池 ………………………………… 107
沈殿除去率 …………………… 111, 112
定義 …………………………………… 2
低水量 ………………………………… 65
電触防護 ……………………………… 102
等差級数法 …………………………… 24
導水管 ………………………………… 95
導水渠 ………………………………… 92
導水施設 ……………………………… 2
導水方式 ……………………………… 91
等比級数法 …………………………… 26
特殊 (浄水) 処理 …………………… 139
トンネル ……………………………… 94

【ナ 行】

軟弱地盤 ……………………………… 101
濁度 …………………………………… 51
2層式沈殿池 ………………………… 128
二段沪過処理 ………………………… 142

【ハ 行】

配水 …………………………………… 146
配水池 ………………………………… 149
排水・汚泥処理 ……………………… 142
配水管 ………………………………… 153
配水施設 …………………………… 3, 146
配水塔 ………………………………… 151
配水方式 ……………………………… 149
パイプビーム水管橋 ………………… 102
阪神大震災 …………………………… 175
被圧水井戸 …………………………… 84
被圧地下水 …………………………… 79
比較回転度 N_s ……………………… 163
平水量 ………………………………… 65
不感蒸せつ …………………………… 4
不感水量 ……………………………… 40

伏流水 ………………………………… 81
普通沈殿池 …………………………… 114
フッ素処理 …………………………… 142
プレストレストコンクリート管 …… 95
不連続点塩素処理 …………………… 135
フロック形成池 ……………………… 126
べき曲線法 …………………………… 28
防寒工 ………………………………… 103
豊水量 ………………………………… 65
補剛水管橋 …………………………… 102
ポリ塩化アルミニウム (PAC) …… 124
ポンプ設備 …………………………… 161
ポンプの特性 ………………………… 163

【マ 行】

マイクロストレーナー処理 ………… 142
前塩素処理 …………………………… 140
マグニチュード ……………………… 185
膜沪過 ………………………… 104, 134
水資源の開発 ………………………… 87
水資源賦存量 ………………………… 61
水のおいしさ ………………………… 59
水面積負荷 …………………… 112, 115
密度成層 ……………………………… 71
無効水量 ……………………………… 40
無収水量 ……………………………… 40

【ヤ 行】

薬品凝集作用 ………………………… 122
薬品凝集沈殿 ………………………… 122
薬品処理 ……………………………… 142
有効水量 ……………………………… 40
有効無収水量 ………………………… 41
有収水量 ……………………………… 40
有収率 ………………………………… 41
遊離炭酸 ……………………………… 60

【ラ 行】

硫酸バンド …………………………… 123
流量公式 ……………………………… 154
漏水率 ………………………………… 41
沪過の損失水頭 ……………………… 132
論理曲線法 …………………………… 28

【ワ 行】

湧き水 ………………………………… 80

《欧　文》

【A】
Allen の式 ……………………………110
【C】
COD_{Mn} 化学的酸素要求量……………57
【F】
F_r 数 ………………………………116, 128
【G】
Ganguillet－Kutter 公式 ……………93
GT 値 …………………………………126
Guoy 層 ………………………………122
G 値：速度勾配値 ……………………126

【H】
Hardy-Cross 法 ………………………157
Hazen-Williams 公式 ………………95, 157
【M】
Manning 式 ……………………………93
【N】
Newton の式 …………………………110
【P】
pH 値 …………………………………54
【S】
Stern 層 ………………………………122
Stokes の式 …………………………110
【W】
Weston 公式 …………………………169

〈著者略歴〉
中村 玄正　工学博士
なかむら　みちまさ

昭和41年　東北大学工学部土木工学科卒業
昭和46年　東北大学大学院博士課程科目修了
昭和46年　日本大学講師（工学部）
昭和53年　日本大学助教授
昭和63年　日本大学教授　現在に至る
　　　　専門：衛生工学（上・下水道），水環境
　　　　著書：「下水道」共著，理工図書（昭和58年）

三訂版
入門 上水道

| 平成13年10月20日 | 初　版 |
| 平成19年 5月10日 | 3　版 |

　　　　　著　者　　中　村　玄　正

　　　　　発行者　　笠　原　　　隆

発行所　　工学図書株式会社

東京都文京区本駒込1-25-32
電話　東京（3946）8591番
FAX　東京（3946）8593番
http://www.kougakutosho.co.jp
印刷所　昭和情報プロセス株式会社

Ⓒ　中村玄正　　2001　　★定価はカバーに表示してあります．
ISBN 4-7692-0427-2 C3051